U0368582

Photoshop CC
实训教程

刘浩锋 何春梅 张春芳 孙 慧 主编

清华大学出版社

北京

内 容 简 介

本书重点介绍 Photoshop CC 软件各种工具、图层、蒙版、通道等的应用。内容包括图像设计制作、文字编辑和特效、图像编辑、图像色彩调整、图像加工合成、3D 应用、海报设计、包装设计、网页设计、室内特效处理、画册设计等综合应用的设计制作流程。书中实例均由作者精心设计,独具匠心,详细总结出知识要点、技巧和经验,以使读者能够循序渐进地掌握软件的功能,并结合实际应用激发学习兴趣和创作设计的灵感。

本书可作为各类高等院校相关专业、各类相关培训机构用书,也可作为计算机美术设计爱好者的参考书。书中所有实例的素材文件、PSD 文件以及课后练习的 PSD 答案文件,可以从清华大学出版社官网下载。

本书封面贴有清华大学出版社防伪标签,无标签者不得销售。

版权所有,侵权必究。举报:010-62782989,beiqinquan@tup.tsinghua.edu.cn。

图书在版编目(CIP)数据

Photoshop CC 实训教程 / 刘浩锋等主编. -- 北京:
清华大学出版社,2025.5. -- ISBN 978-7-302-68972-0

Ⅰ. TP391.413

中国国家版本馆 CIP 数据核字第 20252JS000 号

责任编辑:孟毅新　孙汉林
封面设计:刘艳芝
责任校对:李　梅
责任印制:沈　露

出版发行:清华大学出版社
　　　　　网　　　址:https://www.tup.com.cn,https://www.wqxuetang.com
　　　　　地　　　址:北京清华大学学研大厦 A 座　　　　邮　　编:100084
　　　　　社 总 机:010-83470000　　　　　　　　　　邮　　购:010-62786544
　　　　　投稿与读者服务:010-62776969,c-service@tup.tsinghua.edu.cn
　　　　　质量反馈:010-62772015,zhiliang@tup.tsinghua.edu.cn
　　　　　课件下载:https://www.tup.com.cn,010-83470410
印 装 者:三河市人民印务有限公司
经　　销:全国新华书店
开　　本:185mm×260mm　　　　印　　张:19　　　　字　　数:437 千字
版　　次:2025 年 5 月第 1 版　　　　　　　　　　印　　次:2025 年 5 月第 1 次印刷
定　　价:59.00 元

产品编号:095283-01

本书面向 Photoshop 初中级用户，内容由浅入深，采用循序渐进的方式向读者介绍 Photoshop CC 的使用方法，可为从事或即将从事平面广告设计、图形图像处理（如包装设计、美术设计、网页制作、影视制作等行业）的人员提供帮助。书中每个知识点都结合具有代表性的实例进行讲解，因此本书具有较强的实用性和可操作性。另外，在每章最后还附加了思考练习题，帮助读者在学习完一章的内容后，消化和巩固所学知识，提高实际动手操作的能力。

本书共 8 章。

第 1～4 章从 Photoshop CC 工作界面开始，通过详细的实例，主要介绍图形绘制、文字设计和图像简单编辑，并介绍相关基本概念，如图层、路径等，学习选择、移动、画笔、吸管、套索、魔棒、橡皮擦、矢量图形、钢笔和文字等工具的相关知识和使用方法，运用图层、填充、描边、调整等命令，使读者能清晰地认识并能逐渐掌握其用法，制作多种有创意的作品。

第 1 章重点介绍 Photoshop CC 的界面、图像相关概念，以及图像的大小调整、图像的选择、图像的变形等基本操作，帮助读者了解和熟悉 Photoshop CC 的使用环境和相关知识。

第 2 章主要介绍基础工具，如图层、画笔、橡皮擦、钢笔、形状等工具的应用，分别通过实例进行讲解，同时总结常用图形设计工具的特点和使用技巧，帮助读者全面地掌握 Photoshop 的图形设计方法。

第 3 章介绍图层样式的应用以及滤镜的使用，结合文字工具、形状工具等制作一些效果，使制作的效果更加真实。

第 4 章主要介绍文字的编辑、特效、段落文本及特殊文字的设计方法，使读者全面掌握 Photoshop 软件文字的应用方法。

第 5～8 章从认识直方图开始，通过对"调整"面板常用方法的使用，由浅入深地讲解图像的明暗色彩调整、加工合成处理以及 3D 功能的使用，使读者逐步掌握 Photoshop 强大的图像处理功能和明暗色彩的综合运用。

第 5 章主要介绍图像明暗色彩的调整，从认识直方图入手，通过典型实例的讲解，深刻理解色阶、曲线、亮度、明度和对比度等有关图像明暗处理的原理和处理方法。

第 6 章主要介绍图像的修复与合成以及数码照片的常用处理技巧。

第 7 章通过综合实例的讲解，巩固第 5、6 章所学内容，使读者提高图像处理综合运用的水平。

第 8 章通过对 3D 各种功能的详细介绍，使 2D 和 3D 更加完美地结合，从而制作更加真实的效果。

为了进一步提高读者的设计与制作水平，我们提供了5个完整的平面设计实例，读者可以扫描下方的二维码进行学习。

（1）海报设计制作，介绍海报设计的基本知识和实际制作过程中遇到的一些问题，通过制作海报实例，使读者在实际操作中加深对 Photoshop 图层工具、文本工具、滤镜等命令的学习。

（2）包装设计制作，介绍包装设计的基本知识和包装的制作方法，通过包装设计制作实例，使读者在实际操作中能够灵活利用 Photoshop 中图层、通道、滤镜等工具，从而使读者掌握利用 Photoshop 进行美观、独特的包装设计的方法。

（3）网页设计制作，介绍网页设计的基本知识和网页制作过程中的注意事项，通过网页制作实例，使读者能够灵活运用 Photoshop 中的图层和切片工具。

（4）室内效果图制作，介绍几种常用的处理方法和处理室内效果图时的注意事项，通过对室内效果图后期进行处理，使读者能够运用通道和色彩调整命令调整整个效果图的色彩，并通过添加其他素材图片，制作更加真实的室内效果图。

（5）画册设计制作，介绍画册设计的基础知识，并通过设计制作一本完整的画册学习如何利用 Photoshop 进行画册的制作。

本书实例由多位从事图像处理、照片加工的老师精心设计制作，融入了他们多年的教学经验和艺术创作经验，重点突出，详略得当，使读者能够很快地掌握 Photoshop 的制作技巧。

本书第1～4章、第8章由刘浩锋编写；第5～7章由何春梅编写；最后由张春芳、孙慧统稿。

由于作者水平有限，书中难免有不足之处，欢迎广大读者批评指正。

作　者

2025 年 2 月

海报设计制作　　包装设计制作　　网页设计制作　　室内效果图制作　　画册设计制作

第 1 章

Photoshop CC 图像处理基础

学习目标

(1) 熟悉 Photoshop CC 的工作界面。

(2) 了解图像的基本知识。

(3) 熟练掌握填充、描边、提取颜色的多种方法。

(4) 掌握图像编辑的方法。

(5) 掌握创建选区的方法。

(6) 掌握图像的多种变形方式。

1.1 Photoshop CC 简介

Photoshop 是 Adobe 公司推出的一款平面图像处理软件,它集成了很多令人赞叹的全新图像处理技术,让图像处理更加简洁、得心应手。无论是在专业行业,如平面设计、室内设计、服装设计、产品设计等应用,还是在科研或家庭中使用,全新的 Photoshop CC 将使人们实现更多的艺术创意。

启动 Photoshop CC,可以看到 Photoshop CC 默认界面颜色为暗灰色,如图 1-1 所示。

图 1-1　Photoshop CC 界面

如果还想使用以前版本中的浅色界面,选择"编辑"|"首选项"命令(Ctrl＋K

组合键），在"界面"选项卡中选择"颜色方案"组中的浅色，Photoshop CC 界面又恢复为浅色界面，如图 1-2 所示。

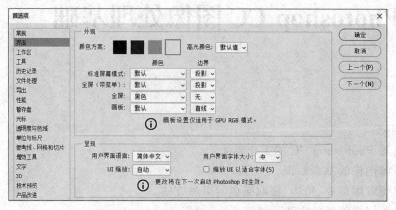

图 1-2　设置 Photoshop CC 浅色界面

1. 工具箱

Photoshop CC 包含了上百个工具，每个工具有其不同的用途，因此掌握工具的用法是学习 Photoshop 的基础，灵活使用工具的快捷键是高效创作的必备能力。

1）工具箱的分类及工具的名称

Photoshop CC 工具箱中各个基本工具的名称如图 1-3 所示。

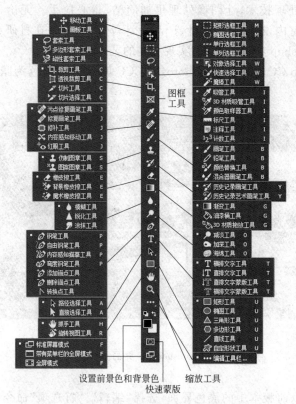

图 1-3　Photoshop CC 工具箱中各个基本工具名称

2）选择工具

工具箱中有些工具的右下角带有一个白色小三角，表示该工具下面还有一些隐藏的工具，按住鼠标左键不松开（或者右击）则可显示隐藏工具，释放鼠标以后将光标移至想使用的工具上单击，可以选择相应的工具。如右击 ▦ 工具后，将光标移到 ◯ 工具处单击，则选择的是"椭圆选框工具"，可以用来绘制椭圆选区。

在图 1-3 中，带白点的项为默认快捷键工具，即按相应工具快捷键后，首先使用的是带白点的工具。文字右边的字母是该工具的快捷键，在英文输入法状态下可以直接按键盘上的相应字母来使用该工具，如按 M 键是使用"矩形选框工具"；按 Shift 键可以在该工具组中切换，如按 Shift＋M 组合键可以选择"椭圆选框工具"，再次按该组合键就会切换到该工具组中下一个后面带字母的工具。

当光标停留在某个工具上时，会显示该工具的名称、快捷键、简单介绍、操作方法演示以及详情，如图 1-4 所示。

图 1-4　工具相关信息

3）展开/折叠工具箱

当单击工具箱顶部的双箭头按钮 ▚▚▚▚ ⏩|× 时，可以展开或折叠工具箱，以方便操作。双击工具箱顶部，也可展开/折叠工具箱。

4）移动工具箱

将光标移至工具箱顶部，按住鼠标左键不放并拖动，可以自由移动工具箱的位置。当工具箱移至文档窗口最左边或者最右边时，会自动吸附。

5）复位工具箱

当工具箱不小心被关掉时，选择工具选项栏中"选择工具区"中的"复位基本功能"选项即可，如图 1-5 所示。

图 1-5　复位工具箱

2. 面板

Photoshop CC 提供了 30 多个面板,可以在菜单栏"窗口"中根据需要选择打开所需面板,如图 1-6 所示。软件默认的一些常用面板会被整齐地放到软件界面的最右部分,用户可以根据作图需求设置显示或隐藏面板,如图 1-7 所示。

每个面板的右上角有一个按钮▇,单击该按钮,则弹出与该面板相关的操作命令集。操作过程中,如果工具面板的设置调乱了,或者关闭了,复位方式与工具箱相同。

图 1-6　Photoshop CC 面板

图 1-7　常用面板

1.2　图像基础

1.2.1　像素和分辨率

1. 像素

位图图像放大到一定程度会出现很多正方形颜色块,这些色块的专业名称为像素,它是图片大小的基本单位,图像的像素大小是指位图在高、宽两个方向的像素数相乘的结果,例如宽度和高度均为 100 像素的图片,其像素数是 10 000 像素。通常介绍图片的尺寸,在不明确说明的情况下,单位都是像素,例如 800×600,也就是宽度为 800 像素,高度为 600 像素。最小的图是 1 像素,几乎是肉眼无法识别的。图像像素越多,图片文件所占用的字节数也越大。

经常用的数码相机像素数,所描述的就是相机拍照出来的照片是多大尺寸,300 万像素的数码照片通常是 2 048×1 536 像素,而 500 万像素数码照片则是 2 560×1 920 像素。

2. 分辨率

分辨率是衡量图像细节表现力的技术参数,分辨率越高,表示图像越清晰。在 Photoshop 新建文件时设置的分辨率称为图像分辨率,是指图像中存储的信息量。这种分辨率有多种衡量方法,典型的是以每英寸的像素数(单位: pixel/inch 或 dpi)来衡量。

图像分辨率和图像尺寸共同决定文件的大小及输出质量,它们的值越大,图像文件所占用的磁盘空间也就越多。图像分辨率以比例关系影响着文件的大小,即文件大小与其图像分辨率的平方成正比。如果保持图像尺寸不变,将图像分辨率提高一倍,则其文件大小增大为原来的 4 倍。

通常情况下,如果图像仅用于显示,可将其分辨率设置为 72dpi 或 96dpi,例如网页上的图片;如果图像用于印刷输出,则应将其分辨率设置为 300dpi 或更高,例如海报、书籍封面等。

1.2.2　矢量图和位图

静态图像在计算机中有两种表示方法:一种是矢量图;另一种是位图。

1. 矢量图

用一组指令或参数来描述图形的各个成分,它的元素是一些点、线、矩形、多边形、圆和弧线等,它们都是通过数学公式计算获得的,如图 1-8 左侧所示,矢量图形文件体积一般较小。矢量图与位图最大的区别是,矢量图不受分辨率的影响,因此在印刷时,可以任意放大或缩小图形而不会影响图的清晰度。常见矢量图文件格式有 3DS、DXF、WMF 等(矢量图形参考"素材\第 1 章\矢量图.ai")。

矢量图　　　　　　　　　　　　　　　　位图

图 1-8　矢量图和位图

2. 位图

位图也称点阵图、像素图,如图 1-8 右侧所示。构成位图的最小单位是像素,位图是由像素阵列的排列来实现其显示效果的,每个像素有自己的颜色信息,在对位图图像进行编辑操作时,可操作的对象是每个像素,改变图像的色相、饱和度、明度,从而改变图像的显示效果。位图图像缩放会失真,所以处理位图时要着重考虑分辨率。

在 Photoshop 中处理的图像属于位图,常见位图文件格式有 BMP、JPG、PSD 等。

1.2.3　颜色模式

在 Photoshop 中,颜色模式是一个非常重要的概念,只有了解了不同颜色模式,才能精确地描述、修改和处理色调。Photoshop 提供了一组描述自然界中光和色调的模式,通过这些模式可以将颜色以一种特定的方式表示出来,并用一定的颜色模式存储。Photoshop 中几种常用的颜色模式如图 1-9 所示。

图 1-9　常用颜色模式

1. 位图模式

Photoshop 使用的位图模式只使用黑白两种颜色中的一种表示图像中的像素,位图模式的图像也叫黑白图像,它包含的信息最少,因而图像也最小。由于位图模式只记录了黑白两种颜色,所以它的文件数据量最小。利用 Photoshop 编辑位图模式的文件时,有许多功能不能使用,因为它为非彩色模式。

2. 灰度模式

灰度图像由 8 位/像素的信息组成,并使用 256 级的灰色来模拟颜色的层次。在灰度模式中,每一个像素都是介于黑色和白色间的 256 种灰度值的一种。当要制作黑白图时,必须从单色模式转换为灰度模式;如果要从彩色模式转换为单色模式,也需要先转换成灰度模式,再从灰度模式转换到单色模式。

3. 索引颜色模式

索引颜色模式是网上和动画中常用的颜色模式,当彩色图像转换为索引颜色的图像后包含近 256 种颜色。如果原图像中颜色不能用 256 色表现,则 Photoshop 会从可使用的颜色中选出最相近颜色来模拟这些颜色,这样可以减小图像文件的尺寸。用颜色表来存放图像中的颜色并为这些颜色建立颜色索引,颜色表可在转换的过程中定义或在生成索引图像后修改。

4. RGB 颜色

它是 Photoshop 默认的颜色模式,它将自然界的光线视为由红(red)、绿(green)、蓝(blue)三种基本颜色组合而成,因此它是 24(8×3)位/像素的三通道图像模式。在颜色面板中,如图 1-10 所示,可以看到 R、G、B 三个颜色条下都有一个三角形的滑块,即每一种都有从 0 到 255 的亮度值。通过对这三种颜色的亮度值进行调节,可以组合出 16 777 216 种颜色(即通常所说的 16 兆色)。

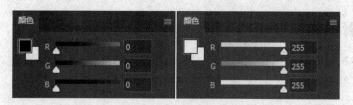

图 1-10　RGB 颜色面板

RGB 颜色能准确地表述屏幕上颜色的组成部分,但它却无法在绘图和编辑时快速、直观地指定一个颜色阴影或光泽的颜色成分。

5. CMYK 颜色

它是一种基于印刷处理的颜色模式。由于印刷机采用青(cyan)、洋红(magenta)、黄(yellow)、黑(black)4 种油墨来组合出一幅彩色图像,因此 CMYK 模式就由这 4 种用于打印的颜色组成。它是 32(8×4)位/像素的四通道图像模式。

6. Lab 颜色

它是一种独立于设备存在的颜色模式,不受任何硬件性能的影响。由于它能表现的颜色范围最大,因此在 Photoshop 中,Lab 颜色模式是从一种颜色模式转变到另一种颜色模式的中间形式。它由亮度(lightness)和 a、b 两个颜色轴组成,是 24(8×3)位/像素的三通道图像模式。

7. HSB 颜色模式

从心理学的角度来看,颜色有三个要素:色相(hue)、饱和度(saturation)和明度(brightness)。HSB 颜色模式便是基于人对颜色的心理感受的一种颜色模式。它是由 RGB 三原色转换为 Lab 模式,再在 Lab 模式的基础上考虑了人对颜色的心理感受这一因素而转换成的。因此,这种颜色模式比较符合人的视觉感受,让人觉得更加直观一些。

提示:在颜色面板中单击表示前景色的小色块■,即可打开"拾色器"对话框,如图 1-11 所示。在其中能够同时看到所有 4 种颜色模式的颜色值,它们分别是一种颜色的 4 种表述方式,在任一模式中颜色值的修改都能影响颜色的创建。

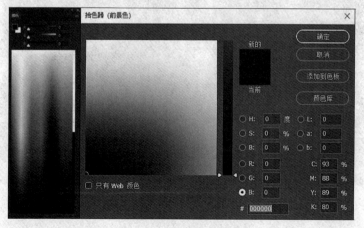

图 1-11　"拾色器"对话框

1.2.4　查看图像

在 Photoshop 中打开图像之后，有时图像太大或者太小，需要调整时，就可以使用工具箱中的缩放工具和抓手工具来查看图像的局部。

1. 多窗口查看图像

选择菜单"窗口"|"排列"命令，如图 1-12 所示，可以对所有窗口进行排列。图 1-13 所示为四联排列。

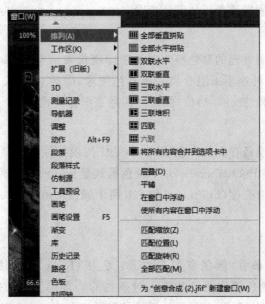

图 1-12　"排列"命令

图 1-13　四联排列

2. 缩放工具

利用工具箱中的缩放工具 可以完成图像的放大或缩小,快捷键是 Z。缩放工具选项栏如图 1-14 所示。

图 1-14　缩放工具选项栏

选项栏中的 为放大按钮,选中之后,单击图像可以放大。

选项栏中的 为缩小按钮,选中之后,单击图像可以缩小。

"调整大小以满屏显示"是当图像窗口为悬浮窗口时,在缩放图像的同时,窗口大小也随之变化,但是最大不会超过文档窗口的大小。

"缩放所有窗口"是当文档窗口有多个窗口时,放大或缩小其中一个,其他窗口中的图像也随之变化。

"细微缩放",勾选该复选框后,按住鼠标左键,能够以平滑的方式快速放大或缩小窗口;取消勾选,当放大操作时,按住鼠标左键并拖动,会出现一个矩形选框,松开鼠标左键,矩形选框中的图像会放大到整个窗口,如图 1-15 所示。

图 1-15　使用"细微缩放"的效果

"适合屏幕",单击后可以在文档窗口中最大化显示图像。

"填充屏幕",单击后当前图像将填充到整个文档窗口大小。

技巧

(1) 当为放大模式时,按住 Alt 键,变成缩小模式;当为缩小模式时,按住 Alt 键,变成放大模式。

(2) 当使用其他工具时,按住 Alt + 滑动滑轮,可以调整图像大小;按 Ctrl + 空格键为放大工具,按 Alt + 空格键为缩小工具,但是要配合鼠标单击才可以缩放;相同地,Ctrl + + 键以及 - 键分别也可放大和缩小图像,窗口大小会随着图像大小变化。

(3) 双击缩放工具,图片以 100% 的比例显示图像,用来查看图片的原图大小。

3. 抓手工具

当图像放到比较大、窗口不能完全显示时,可以使用抓手工具 (快捷键 H),在画面中按住鼠标左键并拖动,可以移动窗口中的图像,从而看到其他区域的图像。

技巧

（1）在使用其他工具时，按住空格键，可以切换到抓手工具，松开空格键，又切换到原工具。

（2）在抓手工具下，按 Ctrl 键，可以放大图像；按 Alt 键，可以缩小图像。

（3）双击抓手工具，图像按屏幕大小缩放。

4. 旋转视图

在抓手工具组中还有一个旋转视图工具，在图像中按住鼠标左键并拖动会旋转图像，"视图旋转"只是观看的视角发生了变化，对图像本身没有产生影响。在"旋转视图"选项栏中，如图 1-16 所示，可以设置"旋转角度"，并能"复位视图"，还可以勾选"旋转所有窗口"复选框，同时旋转多个图像窗口。图 1-17 为视图旋转−35°效果。

图 1-16 旋转视图工具选项栏

图 1-17 视图旋转−35°效果

5. 屏幕显示模式

Photoshop 给用户提供了三种屏幕显示模式：标准屏幕模式、带有菜单栏的全屏模式和全屏模式，如图 1-18 所示。

（1）标准屏幕模式：默认状态下的屏幕模式，带有菜单栏、标题栏、滚动条、工具箱和面板等，如图 1-19 所示。

图 1-18 屏幕显示模式

（2）带有菜单栏的全屏模式：与标准屏幕模式基本相同，只是没有标题栏和滚动条，如图 1-20 所示。

（3）全屏模式：为了更大区域地显示图像，只有黑色背景的全屏窗口，所以该模式又被称为专家模式，如图 1-21 所示。

技巧

（1）全屏模式组的快捷键为 F，按 F 键可以在三种模式下切换。

（2）在全屏模式下可以通过按 F 键切换，也可以按 Esc 键退出全屏模式。

图 1-19　标准屏幕模式

图 1-20　带有菜单栏的全屏模式

图 1-21　全屏模式

Photoshop CC 实训教程

（3）按 Tab 键可以隐藏/显示工具箱、面板和选项栏；按 Shift＋Tab 组合键可以切换显示或隐藏除工具箱外的其他控制面板。

1.2.5　颜色提取与填充

无论是做设计还是图像处理，颜色是设计的基础，所以学好颜色的管理和运用是非常重要的。

1. 前景色和背景色

工具箱中的"设置前景色和背景色"按钮█用于设置颜色，如图 1-22 所示。前景色用来显示和选取当前绘图工具所使用的颜色，背景色用来显示和选取图像的底色。

单击█按钮，可以切换前景色和背景色，如图 1-23 左侧所示，快捷键为 X；单击█按钮，可以恢复前景色为黑色，背景色为白色的默认颜色，如图 1-23 右侧所示，快捷键为 D。

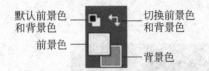

图 1-22　"设置前景色和背景色"按钮　　　图 1-23　切换前景色和背景色（左）和恢复默认（右）

2. 颜色提取的方法

（1）单击"设置前景色"按钮，在弹出的"拾色器（前景色）"对话框中设置颜色，如图 1-24 所示。此时选择工具箱中吸管工具█，光标变为圆圈，可以在拾色器中选定不同的颜色。当光标移到对话框以外、文档窗口中时，光标为吸管样式█，可以吸取文档窗口中的颜色。

图 1-24　"拾色器（前景色）"对话框

（2）使用颜色取样器工具█。在调整图像时，可以比较多个地方的颜色，通过不同位置颜色的数据，适当调整颜色。

取样器工具最多可取 10 处,图 1-25 所示为选取 10 个取样点,颜色信息将显示在"信息"面板(快捷键为 F8)中,使用取样器工具来移动现有的取样点。如果切换到其他工具,如选框工具,画面中的取样点标志将不可见,但"信息"面板中仍有显示。

在颜色取样器工具选项栏中,可以更改"取样大小"选项,如图 1-26 所示。

图 1-25　"信息"面板

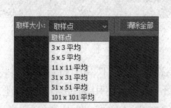

图 1-26　颜色取样器工具选项栏

① "取样点"代表以取样点处那一个像素的颜色为准。

② "3×3 平均"或"5×5 平均"等表示以取样点四周 3×3 或 5×5 范围内像素的颜色平均值为准。把颜色取样器放到取样点标志🔧上,右击可以查看取样点标志的属性。

③ 单击"清除全部"按钮,所有取样点信息全部消失。

(3) 在菜单栏选择"窗口"|"颜色"命令,弹出"颜色"面板,单击"颜色"面板右上角的"选项卡"按钮▤,弹出如图 1-27 所示菜单,可以选择不同颜色模式下的滑块。如图 1-28 所示,分别为色相立方体、色轮、CMYK 滑块。

3. 颜色填充的方法

1) 菜单命令

制作选区后,选择"编辑"|"填充"命令,打开"填充"对话框,或按 Shift+F5 组合键,打开"填充"对话框。

图 1-27　"颜色"菜单

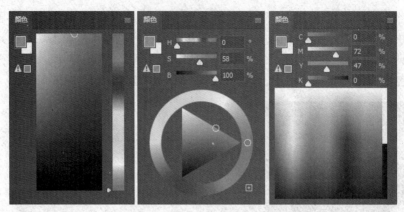

图 1-28　立方体、色轮、CMYK 滑块

2）使用快捷键填充图层或者选区

按 Ctrl＋Delete 组合键填充背景色，按 Alt＋Delete 组合键填充前景色。

3）渐变工具

在工具栏中选择渐变工具（快捷键是 G），可以在画面上绘制出颜色渐变的效果，图 1-29 为渐变工具选项栏。

图 1-29　渐变工具选项栏

先单击，然后往某个方向拖动，就可以形成渐变。起点和拖动的方向不同，制作出的渐变图形就不一样。使用渐变工具时，还应注意以下事项。

（1）使用渐变的同时，按住 Shift 键，可以绘制出垂直或者水平的线。

（2）如果画面上没有任何选区，使用渐变工具可对整个图层填充渐变色；如果事先确定了选区，就是对选区填充渐变色。

单击按钮　　　　，可以弹出"渐变编辑器"对话框，如图 1-30 所示。在菜单栏选择"窗口"|"渐变"命令，可以打开"渐变"面板，同样可以找到渐变编辑器中的预设渐变模式。在新版本中的渐变预设，增加了很多预设效果，如图 1-31 所示，更方便设计师操作。

在选择好一个渐变预设之后，可以对其进行修改，上面的色标是设置颜色的透明度，下面的色标是设置颜色，如图 1-32 所示。选择一个色标后，可以在"位置"处设置色标的位置，单击"删除"按钮，可以删除色标。

左右拖动色标，移动色标的位置；上下拖动色标则删除选中色标。在上面色标双击，可以增加色标，并设置不透明度数值；在下面色标双击，也可以增加色标，弹出"拾色器"对话框，设置色标颜色。制作好渐变之后，单击"新建"按钮，可以把设计好的渐变添加到渐变编辑器中。

在渐变工具选项栏中，　　　　　是 5 种渐变类型，如图 1-33 所示。线性渐变，是以直线方式创建从起点到终点的渐变；径向渐变，是从中心向四周发射的渐变形式；角度渐变，是围绕起点以逆时针扫描方式的渐变；对称渐变，是从起点开始任一侧创建对称渐变；

菱形渐变是以菱形的方式从起点向外渐变,终点为菱形的一个角。

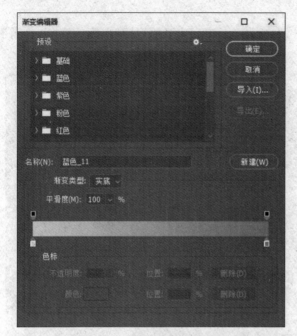

图 1-30　"渐变编辑器"对话框

图 1-31　新增预设图案

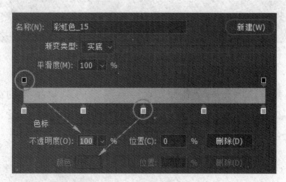

图 1-32　设置渐变样式

线性渐变

径向渐变

角度渐变

对称渐变

菱形渐变

图 1-33　渐变类型

【**案例 1-1**】 制作"七彩棒棒糖"宣传海报。学习使用渐变工具中的线性渐变,结合其他工具制作图案。

(1) 新建(Ctrl+N)文档,设置文档大小为 A4,方向为竖版,分辨率为 300dpi,色彩模式为 RGB 模式,如图 1-34 所示。

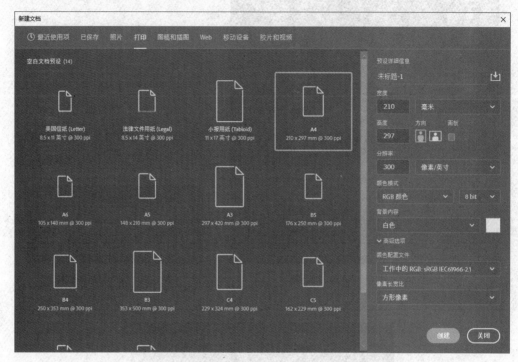

图 1-34　新建文档

(2) 使用渐变工具(G)填充一个背景,因为要制作的是食品类的海报,所以选择一个暖色调的渐变预设,如图 1-35 所示。选择了粉色中的一个渐变预设,在文档中由左下方开始到右上方结束绘制线性渐变,效果如图 1-36 所示。

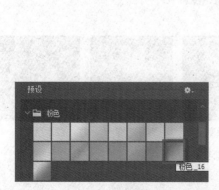

图 1-35　渐变预设

图 1-36　线性渐变效果

（3）把所给素材"糖果背景.png""七彩糖果.png"和"全新上市.png"三个图片分别导入背景中，并调整大小和位置，如图 1-37 所示，图层顺序如图 1-38 所示。

图 1-37　导入素材效果

图 1-38　图层顺序

（4）在"图层"面板中，单击"新建图层"按钮 🔳（Ctrl＋Shift＋N），使用矩形选框工具（M），按住 Shift 键，绘制一个正方形选区，如图 1-39 所示。

（5）选择渐变工具，打开"渐变编辑器"对话框。在其中双击增加 5 个色标，并分别对 5 个色标设置颜色和位置（参数只供参考），如图 1-40 所示。选择"线性渐变"选项，在选区中由下向上拖动，产生如图 1-41 所示的填充效果。

（6）选择"滤镜"|"扭曲"|"旋转扭曲"命令，打开"旋转扭曲"对话框，设置"角度"为 999，参数设置如图 1-42 所示，产生如图 1-43 所示的效果。

图 1-39　绘制正方形选区

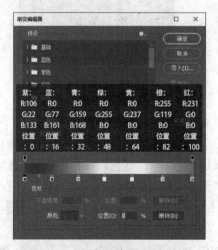

图 1-40　"渐变编辑器"参数设置

图 1-41　渐变填充效果

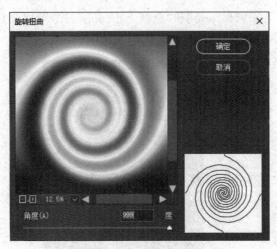

图 1-42　设置"旋转扭曲"参数

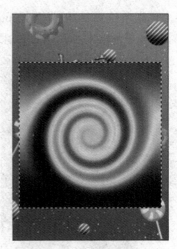

图 1-43　旋转扭曲效果

（7）按 Ctrl＋D 组合键取消选区，选择椭圆选框工具，按住 Shift 键绘制正圆选区，位置如图 1-44 所示。按 Ctrl＋Shift＋I 组合键反向选择，按 Delete 键删除，得到如图 1-45 所示的效果。

图 1-44　绘制正圆选区

图 1-45　删除多余部分

（8）按 Ctrl＋T 组合键，调整大小和位置到合适地方，如图 1-46 所示。

（9）新建图层（Ctrl＋N），使用矩形选框工具绘制一个矩形长条，填充颜色为白色，效果如图 1-47 所示。在"图层"面板中选择"添加图层样式"组 **fx** 中的"内阴影"选项，设置"角度"为 0，"距离"为 10，"阻塞"为 9，"大小"为 24，如图 1-48 所示，取消选区（Ctrl＋D）。

（10）选择刚刚新建的"图层 1"和"图层 2"，单击"图层"面板下面的按钮 **⊖**，把两个图层链接，按 Ctrl＋T 组合键，旋转棒棒糖效果如图 1-49 所示。

（11）按 Ctrl＋J 组合键复制两个图层，如图 1-50 所示。按 Ctrl＋T 组合键，调整大小和位置，最终效果如图 1-51 所示。

图 1-46　调整大小和位置

图 1-47　绘制矩形长条

图 1-48　内阴影参数设置

图 1-49　旋转效果

图 1-50　复制图层

图 1-51　最终效果

(12) 按 Ctrl＋S 组合键保存为"糖果海报.PSD"(参考"答案\第 1 章\案例 1-1-七彩棒棒糖.psd"源文件)。

4) 油漆桶工具

使用油漆桶工具,可以用前景色对颜色相近的区域进行填充,其工具选项栏如图 1-52 所示。

图 1-52　油漆桶工具选项栏

(1) 填充方式：有两个选项,其中"前景"表示在图中填充的是工具箱中的前景色,"图案"表示在图中填充的是选定的连续的图案。

(2) 模式：用来选择填充内容与图像之间的混合模式。

(3) 容差：用来控制油漆桶工具每次填充的范围,数字越大,允许填充的范围也越大。

(4) 消除锯齿：使填充的边缘保持平滑。

(5) 连续的：与单击点相似并连续的部分；如果未勾选此复选框,填充的区域是所有与鼠标单击点相似的像素,不管是否与单击点连续。

(6) 所有图层：当勾选此复选框后,不管当前在哪个层上操作,油漆桶工具将对所有的层都起作用,而不只是针对当前操作层。

1.2.6　参考线

在绘制图形时,经常使用参考线来进行精确定位。

1. 创建参考线

(1) 要在画布上指定的位置创建参考线,可选择"视图"|"新建参考线"命令,打开"新建参考线"对话框,如图 1-53 所示,并在该对话框中设置参考线的取向和位置。

(2) 打开标尺,在标尺上单击并拖出参考线。

图 1-53　"新建参考线"对话框

2. 使用参考线

(1) 使用移动工具,可以拖动参考线。在拖动参考线时按住 Alt 键,可在垂直和水平参考线之间进行切换。在使用其他工具时,按住 Ctrl 键也可以移动参考线。

(2) 按住 Shift 键拖动参考线,能够强制参考线对齐标尺的增量。

(3) 双击参考线或选择"编辑"|"首选项"命令,选择"参考线、网格和切片"选项,可以打开"首选项"对话框"参考线、网格和切片"选项卡,如图 1-54 所示,在该选项卡中可以对参考线的颜色、样式进行设置,或者双击标尺,直接进入"参考线、网格和切片"选项卡进行设置。

3. 清除参考线

(1) 选择"视图"|"清除参考线"命令,可以清除文档窗口中的所有参考线。

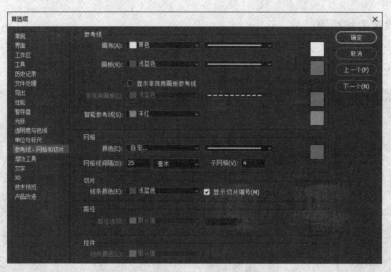

图 1-54　"参考线、网格和切片"选项卡

（2）利用移动工具把参考线拖回标尺处，即可清除该参考线。

（3）选择"视图"|"显示"|"参考线"命令，可以显示或隐藏参考线（快捷键为 Ctrl＋;）。

4. 锁定参考线

在菜单栏选择"图像"|"旋转画布"|"水平翻转画布"或"垂直翻转画布"命令时，使用"视图"|"锁定参考线"命令就能够防止参考线随着画布翻转，此时参考线也不能被移动或删除。

5. 智能参考线

智能参考线是一种在执行移动命令时自动出现的参考线，可帮助用户对齐形状、切片和选区。移动图 1-55 中的图片，自动出现智能参考线（参考"答案\第 1 章\照片.psd"源文件）。

图 1-55　移动文字出现智能参考线

6. 新建参考线版面

根据页面大小设置参考线,可以输入新建的行数和列数,也可以按照宽度和高度来分列。图 1-56 所示为设置"列"是 8,"行数"是 8,并勾选"边距"复选框的效果。

图 1-56　新建参考线版面

1.2.7　网格

网格主要是起到一个对准线的作用,借助网格可以有效地帮助设计师控制图形的大小和位置。选择"视图"|"显示"命令可以打开"网格",快捷键是 Ctrl+',图 1-57 为网格显示效果。

图 1-57　网格显示效果

【案例 1-2】　冷饮店海报。

（1）打开软件，按 Ctrl+O 组合键，打开"素材\第 1 章\清凉一夏\背景.jpg"素材图片文件。

（2）置入"素材\第 1 章\清凉一夏\冷饮.png"素材图片文件到打开的当前背景文档中，如图 1-58 所示。

（3）用鼠标指针拖动 4 个角，缩放冷饮到合适大小，然后把鼠标指针放到图形外，旋转图形并移动到如图 1-59 所示位置，按 Enter 键确认操作。

图 1-58　置入文件

图 1-59　导入冷饮效果

（4）置入"素材\第 1 章\清凉一夏\泡泡.png"素材图片文件到打开的当前背景文档中，调整大小和位置，如图 1-60 所示，按 Enter 键确认操作。

（5）置入"素材\第 1 章\清凉一夏\冰块.png"和"清凉一夏.png"两个素材图片文件到当前文档中，调整大小和位置，如图 1-61 所示，按 Enter 键确认操作。

图 1-60　导入泡泡效果

图 1-61　最终效果

(6) 按 Ctrl＋S 组合键,弹出"另存为"对话框。选择保存的地址,设置"文件名"为"冷饮店海报",选择"保存类型"为"＊.PSD",单击"确定"按钮保存文件,如图 1-62 所示(参考"答案\第 1 章\案例 1-2-冷饮店海报.psd"源文件)。

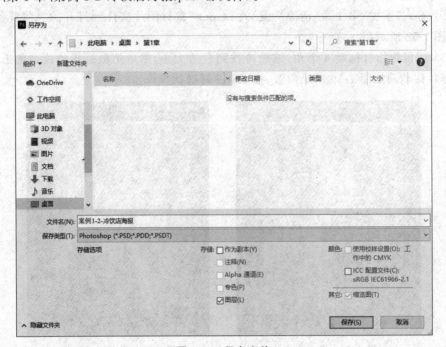

图 1-62　保存文件

1.3　图像调整

在编辑、处理或合成图像时,经常要对图像进行调整,使图像满足设计要求。

1.3.1　图像大小

选择"编辑"|"图像大小"命令,打开"图像大小"对话框(快捷键 Alt＋Ctrl＋I),如图 1-63 所示。在该对话框中可以设置图像的宽度、高度和分辨率,还可以设置约束比例,以保持原有的图像比例。

"图像大小"对话框中的"尺寸"是目前文件的大小。如图 1-64 所示,可以查看不同尺寸单位下文件的大小。

"调整为",默认的是原稿大小,可以把文件修改为下拉列表中常用的尺寸,如图 1-65 所示。

在"宽度"和"高度"的前面有一个🔗图标,用来约束宽高比,修改其中一个数值,图片会变大或者变小,但是不会变形。关闭🔗图标,可以分别修改"宽度"和"高度"。修改"宽度"值变小,可产生如图 1-66 所示效果。

图 1-63　"图像大小"对话框

图 1-64　"尺寸"下拉列表

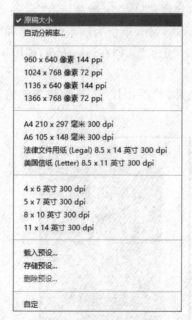

图 1-65　"调整为"下拉列表

(a) 原图　　　(b) 修改宽度后
图像效果

图 1-66　原图和修改宽度后图像效果

1.3.2　画布大小

　　选择"文件"|"新建"命令,在打开的"新建"对话框中设置的宽度和高度值是指文件画
布尺寸的大小,即所编辑的文档的尺寸大小,画布
大小直接影响文件的大小。文档在使用过程中可
以根据需要修改画布大小。增大画布会在现有图
像周围添加空间,减小画布会缩小画布空间。更
改画布大小时,图像分辨率不会发生变化。

　　选择"图像"|"画布大小"命令(Alt+Ctrl+
C),打开"画布大小"对话框,如图 1-67 所示,其中
"相对"复选框是指相对当前画布大小添加或减去
的数量。当勾选"相对"复选框时,在"宽度"和"高
度"文本框中输入数值,正数表示增大画布,负数
表示减小画布。"定位"框中的白色圆形表示画布
上图像在新画布上的位置。"画布扩展颜色"下拉

图 1-67　"画布大小"对话框

列表框可以改变扩展出的画布的颜色,通过单击
右侧的白色方块,在打开的对话框中可以改变颜色。如果文档中有多个图层,扩展出的颜
色只影响背景图层,对于非背景图层,会填充透明的栅格。

　　【案例 1-3】　踏青海报。通过扩大画布,改变图像中图像主体的比重,为后期制作海
报打好基础。

　　(1) 打开"素材\第 1 章\踏青.jpg"素材图片文件,并将其另存为"踏青.psd"。

　　(2) 按 Alt+Ctrl+C 组合键,打开"画布大小"对话框,修改单位为厘米,"宽度"和"高
度"都设为 10,为了使画布的左侧和上方各增加 10 厘米,"定位"选择在最右下角,如图 1-68
所示。

　　(3) 使用"矩形选框工具"选中扩展的白色区域上部,然后按住 Shift 键加选左侧,如
图 1-69 所示。

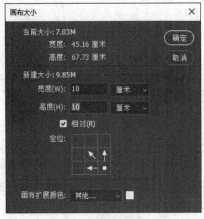

图 1-68　改变画布大小

图 1-69　选择图像

　　(4) 选择"编辑"|"内容识别填充"命令进行识别填充,等计算机运行完,单击"确定"按钮,得到如图 1-70 所示效果,按 Ctrl＋D 组合键取消选区。

　　(5) 置入"素材\第 1 章\踏青.png"素材图片文件,调整大小和位置,如图 1-71 所示,完成操作,保存文件(参考"答案\第 1 章\案例 1-3-踏青海报.psd"源文件)。

图 1-70　调整图像位置

图 1-71　最后效果

1.3.3　图像裁切

　　当图像周围有多余景物,需要突出主体或矫正主体时,要对图像适当裁切,去掉图像不需要的部分。以下给出两种常用的图像裁切方法。

1. 利用"裁切"命令实现图像裁切

　　"裁切"命令可以自动去掉图像空白边缘,并自动裁切成方形。如果要裁切的图像周围颜色单一(见图 1-72),选择"图像"|"裁切"命令,在打开的"裁切"对话框(见图 1-73)进行设置,设置完成后单击"确定"按钮,得到裁切后的效果如图 1-74 所示。

图 1-72　裁切前的图像

图 1-73　"裁切"对话框

2. 利用裁剪工具组实现图像裁切

　　工具箱中的裁剪工具组包括裁剪工具和透视裁剪工具(C),如图 1-75 所示。

图 1-74　裁切后的效果

图 1-75　裁剪工具组

1）裁剪工具

裁剪工具 选项栏如图 1-76 所示。

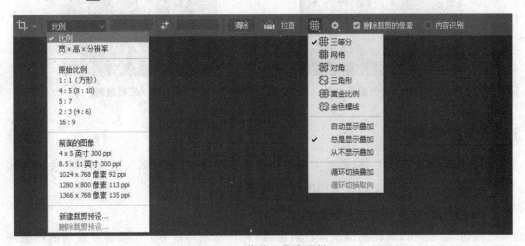

图 1-76　裁剪工具选项栏

（1）比例：显示不同的裁剪比例或设置新的裁剪比例。如果要裁剪的图像限定尺寸和分辨率大小，可以在下拉列表框中选择"宽×高×分辨率"选项，在选项栏中设置宽度、高度和分辨率。例如，要得到一张一英寸照片，可以按照下面案例操作。

【案例 1-4】　制作一英寸照片。

① 打开"素材\第 1 章\1 英寸照片.jpg"文件，另存为"1 英寸照片.psd"。

② 按 C 键，在裁剪工具选项栏中设置宽度为 2.5 厘米、高度为 3.5 厘米、分辨率为 300 像素/英寸，如图 1-77 所示。

③ 在图像上拖动鼠标指针可以拖出裁剪框，修改 4 个角点或 4 个边可以选择要裁剪的范围，按 Enter 键得到一张一英寸照片，保存文件（参考"答案\第 1 章\案例 1-4-1 英寸照片.psd"源文件）。照片裁剪前后的效果比较如图 1-78 所示。

（2）拉直：可以校正倾斜的照片。单击"拉直"按钮 ，在图像中拉出一条直线，如图 1-79 所示，图像自动按照直线旋转角度，再适当地调整宽度和高度得到裁剪后的效果，如图 1-80 所示。如果勾选"内容识别"复选框，可以得到如图 1-81 所示的效果。

(a) 裁剪前　　(b) 裁剪后

图 1-77　裁剪一英寸照片参数设置　　　　图 1-78　照片裁剪前后的效果比较

图 1-79　拉出直线　　　图 1-80　按照直线角度　　　图 1-81　勾选"内容识别"
　　　　　　　　　　　　　　　裁剪后的图像　　　　　　　　复选框后的效果

（3）视图：用于设置裁剪框的视图形式，便于确定图片的焦点和视觉中心，裁剪出完美构图的图片。图 1-82 为按照黄金比例（视觉中心在中央框内）裁剪前和裁剪后的比较。图 1-83 为按照金色螺旋线（视觉中心在螺旋线中心）裁剪前和裁剪后的比较，荷花更加突出。

(a) 裁剪前　　　　　　　　　　　　　　　　　　　(b) 裁剪后

图 1-82　黄金比例裁剪前和裁剪后的比较

(a) 裁剪前　　　　　　　　　　　　(b) 裁剪后

图 1-83　金色螺旋线裁剪前和裁剪后的比较

（4）其他裁剪选项：可以设置裁剪的显示区域以及裁剪屏蔽的颜色、不透明度等，按钮下拉列表如图 1-84 所示。

（5）删除裁剪的像素：勾选该复选框后，裁剪完毕后的图像将不可更改；不勾选该复选框，裁剪完毕后图像区域仍可显示裁切前的状态，并且可以重新调整裁剪框。

技巧

当裁切到边框时，可能会自动选择边框裁切，这时按 Ctrl 键配合裁剪，可以实现精确裁切。

图 1-84　裁剪工具的
其他选项

2）透视裁剪工具

透视裁剪工具将有透视的图像变形为没有透视的图像。如图 1-85 所示，图 1-85(a) 为使用透视裁剪工具框选裁剪前，图 1-85(b) 为透视裁剪后的效果。

(a) 裁剪前　　　　　　　　　　　　(b) 裁剪后

图 1-85　使用"透视裁剪工具"裁剪前和裁剪后

【案例 1-5】　裁剪图像。使用工具箱中的裁剪工具适当裁剪图像，通过旋转裁剪框和调整裁剪框的位置，校正要裁剪的图像。

（1）打开"素材\第 1 章\滕王阁.jpg"文件，另存为"滕王阁.psd"。

（2）单击工具箱中的裁剪工具，在图像边沿处出现一个裁剪框，鼠标指针放在裁剪框的外部，按下鼠标左键旋转裁剪框，使框内图像相对裁剪框校正，如图 1-86 所示，旋转了－3.6°。松开鼠标,按 Enter 键确定操作,得到如图 1-87 所示的效果。

图 1-86　旋转裁剪框校正图像

图 1-87　旋转裁剪后的效果

（3）由于图像下方空间太多,而且阁楼上方空间太少,为了突出楼阁,要适当裁掉下方和右侧部分,并增加上方空间。将鼠标指针放在裁剪框下方和右侧,调整裁剪框的大小,如图 1-88 所示。按 Enter 键确定操作,得到裁剪后的效果,如图 1-89 所示。

图 1-88　调整裁剪框的大小

图 1-89　裁剪后的效果

（4）使用矩形选框工具,选择上面黑色部分,选择“编辑”|“内容识别填充”命令,最后效果如图 1-90 所示。

（5）保存文件(参考“答案\第 1 章\案例 1-5-裁剪图像-滕王阁.psd”源文件)。

1.3.4　图像移动

如果要将被移动对象移动到本文档中同一图层的其他位置,可以使用“移动工具”(V)直接拖动,实现图像移动。如果要将被移动对象移动到屏幕显示的其他文档,可以使用移动工具拖动,实现图像复制操作。常用的复制图像的方法是首先按 Ctrl＋C 组合键将其复制下来,然后按 Ctrl＋V 组合键将其粘贴到所需位置。

技巧

(1) 在使用移动工具时,可按键盘上的方向键直接以 1px 的距离移动图层上的图像,如果先按住 Shift 键后再按方向键,则以每次 10px 的距离移动图像,而按 Alt 键移动选区将会复制选区。

(2) 按住 Ctrl＋Alt 组合键,拖动鼠标指针可以复制当前层或选区内容。

1.4　图像选择工具

图 1-90　最后效果

在处理图像时,经常需要把素材中的某一部分提取出来,这也就是常说的抠图,这就需要使用各种选区创建工具来完成。

1.4.1　创建选区

常用的创建图像选区的工具包括 3 类,分别为规则选区工具、不规则选区工具和智能选区工具。规则选区工具常用的有矩形选框工具、椭圆选框工具、单行选框工具、单列选框工具;不规则选区工具有套索工具、多边形套索工具和磁性套索工具;智能选区工具包括对象选择工具、快速选择工具、魔棒工具、焦点区域、主体等。

1. 工具选项栏

椭圆选框工具选项栏如图 1-91 所示;矩形选框工具选项栏如图 1-92 所示;套索工具选项栏如图 1-93 所示;对象选择工具选项栏如图 1-94 所示。

图 1-91　椭圆选框工具选项栏

图 1-92　矩形选框工具选项栏

图 1-93　套索工具选项栏

图 1-94　对象选择工具选项栏

（1）在进行范围选择时，常常会使用其工具选项栏中的 4 种按钮来增加或减少选区，图 1-95 给出了多种图形效果。

(a) 添加到选区　　　　　　(b) 从选区减去　　　　(c) 与选区交叉

图 1-95　多种图形效果

（2）工具选项栏中"消除锯齿"复选框用于使选区边界平滑。

（3）在创建椭圆或矩形选区时，"样式"下拉列表给出了三种情况。

① 正常：可以创建任意大小选区。

② 固定比例：通过输入宽度和高度数值，创建固定比例的选区。

③ 固定大小：通过输入宽度和高度数值，创建的选区大小固定。

技巧

① 在使用选框工具、形状工具时，按住 Shift 键在文档窗口内单击并拖动，可创建正形（正方形、正圆、正三角形等）；按住 Alt 键在文档窗口内单击并拖动，可创建以起始点为中心绘制的选区或图形；按住 Shift＋Alt 组合键在文档窗口内单击并拖动，可创建以起始点为中心绘制的正形。

② 当使用选框工具、套索工具或魔棒工具确定选区时，按住 Shift 键，光标"＋"会变成"＋₊"，拖动光标，实现扩大选区，或是在同一幅图像中同时选取多个选区；按住 Alt 键，光标"＋"会变成"＋₋"，拖动光标，实现减去选区；按住 Shift＋Alt 组合键，光标"＋"会变成"＋ₓ"，拖动光标，得到两个选区相交的部分。

③ "取消选区"的组合键为 Ctrl＋D，使用"重新选择"命令（Ctrl＋Shift＋D）来载入/恢复之前的选区。

（4）在每个选择工具的选项栏后面都有一个"选择并遮住"按钮，单击弹出"选择并遮住"属性栏，组合键是 Alt＋Ctrl＋R，如图 1-96 所示。图 1-96（a）是它的工具栏，图 1-96（b）是它的属性栏。"选择并遮住"工具既可以对已有选区进一步编辑，又可以重新创建选区。该命令用于对选区进行边缘检测，调整选区的平滑度、羽化、对比度以及边缘位置。

选择并遮住工具栏中各工具如下。

① 快速选择工具如图 1-97 所示。按住鼠标左键，在需要选择的位置上拖动涂抹，软件会自动查找和跟随图像颜色的边缘创建选区。

图 1-97 所示为"快速选择工具"选项栏，可以选择增加⊕或者减去⊖选区，"选择主体"可以快速把图中主体选择出来，如图 1-98 所示。如果不满意，可以再选择其他命令完成操作。

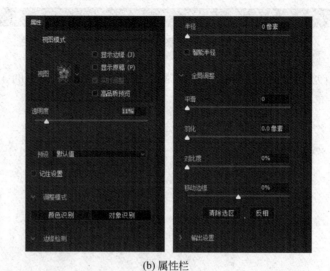

快速选择工具
调整边缘画笔工具
画笔工具
对象选择工具

(a) 工具栏　　　　　　　　　　　(b) 属性栏

图 1-96　选择并遮住工具栏和属性栏

图 1-97　快速选择工具选项栏

(a) 原图　　　　　　　　　　　(b) 选择主体效果

图 1-98　原图和选择主体效果

② 使用调整边缘画笔工具，可以精确调整边缘区域，配合画笔大小加选和减选，从而轻松抠出边缘毛发。

③ 画笔工具：用来绘制精准的选区。

④ 对象选择工具：在定义的区域内查找并自动选择一个对象。

选择并遮住工具的各属性如下。

① 视图：可以选择不同的显示效果，用于查看绘制的选区效果。

② 显示边缘：显示调整区域的半径。

③ 半径：抠图时识别的区域，它以选区的边缘为圆心向内向外扩展像素，用来计算选区边缘的范围。

④ 平滑：控制像素边缘的平滑度，平滑值越高边缘越柔和。

⑤ 羽化：柔化选区与周围像素之间的过渡效果。

⑥ 对比度：调整边缘的虚化程度，数值越大边缘锐化越明显。

⑦ 移动边缘：在半径的范围内收缩和扩展边缘，向左拖动滑块可收缩选区，反之，扩展选区。

⑧ 净化颜色：用来去除边缘附近的透明或半透明的区域，可以减少发丝或者边缘处的其他颜色。

⑨ 输出到：在下拉列表中可以选择输出的结果。

2. 矩形选框工具和椭圆选框工具

使用矩形选框工具和椭圆选框工具，绘制的选区都是比较规则的。

矩形选框工具可以绘制长方形、正方形的选区。

椭圆选框工具可以绘制椭圆、圆形的选区。图 1-99 中盘子、衬布、背景都为白色，想要准确快速地选择盘子部分，使用椭圆选框工具配合 Shift 键绘制出正圆选区，按 Ctrl＋Shift＋I 组合键反向选择删除背景，得到如图 1-100 所示效果。

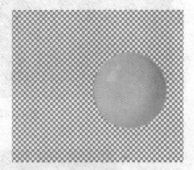

图 1-99　原图　　　　　　　　图 1-100　使用椭圆选区的效果

【案例 1-6】　换窗外风景。使用矩形选框工具选中窗外风景，创建选区，把另外一张风景图导入，通过创建剪贴蒙版，处理成最终效果。

（1）打开"素材\第 1 章\窗外.jpg"素材图片文件，并将其另存为"窗外.psd"。

（2）使用矩形选框工具，选择一扇玻璃的窗外风景，按住 Shift 键加选另两扇玻璃的外面风景，按 Ctrl＋Shift＋J 组合键把所选择部分提取出来，作为一个单独的图层，如图 1-101 所示（为了便于看到效果，图片效果是把背景图层隐藏的结果，实际操作中不需要隐藏背景图层）。

（3）置入"素材\第 1 章\户外风景.jpg"素材图片文件，按 Enter 键确定置入，按住 Alt 键，单击"户外风景"和"图层 1"两个图层中间，创建剪贴蒙版，如图 1-102 所示。

（4）缩放大小，调整位置，最终效果如图 1-103 所示（参考"答案\第 1 章\案例 1-6-窗外风景.psd"源文件）。

3. 套索工具和多边形套索工具

套索工具可以在图层上绘制不规则的选区。

图 1-101　创建窗户选区

图 1-102　创建剪贴蒙版

图 1-103　最终效果

　　多边形套索工具可以绘制由直线构成的多边形选区。

　　在使用套索工具组绘制选区时,如果在释放鼠标起点和终点没有重合,系统会自动在起点和终点之间创建一条直线使选区闭合。

4. 磁性套索工具

　　磁性套索工具似乎有磁力一样,不须按鼠标左键而直接移动鼠标指针,在绘图的位置处会出现自动跟踪的线,这条线总是沿着不同颜色边界处,边界越明显磁力越强,将首尾连接后可完成选择。

磁性套索工具选项栏与其他套索工具的选项栏有些区别,如图 1-104 所示。

图 1-104　磁性套索工具选项栏

(1) 宽度:数值框中可输入 0～40 的数值,对于某一给定的数值,磁性套索工具将以当前用户鼠标指标处的点为中心,以此数值为宽度范围,在此范围内寻找对比强烈的边界点作为选界点。

(2) 对比度:控制磁性套索工具选取图像时边缘的反差。可以输入 0～100% 的数值,输入的数值越高则磁性套索工具对图像边缘的反差越大,选取的范围也就越准确。

(3) 频率:对磁性套索工具在定义选区边界时插入的定位锚点的多少起着决定性的作用。可以在 0～100 选择任一数值输入,数值越高则插入的定位锚点就越多,反之定位锚点就越少。

> 提示:当发现套索偏离了轮廓(图像边缘)时,可以按 Delete 键删除最后的一个锚点,并单击一下鼠标左键,手动产生一个锚点,用于固定浮动的套索。

磁性套索工具一般适用于需要选择的物体与其他背景颜色差别比较大的图像,例如图 1-105 中小黄花,与其他物体颜色有差别,就可以使用磁性套索工具选取。图 1-106 为设置磁性套索工具选项栏的"宽度"为 20 像素、"对比度"为 10%、"频率"为 77,鼠标指针沿着花瓣边缘走一遍出来的效果。

图 1-105　素材图片

图 1-106　磁性套索绘制选区

5. 对象选择工具(快捷键 W)

对象选择工具可简化在图像中选择单个对象或对象的某个部分(人物、汽车、家具、宠物、衣服等)的过程。在对象周围绘制矩形区域,对象选择工具就会自动选择已定义区域内的对象,对于轮廓清晰的对象效果非常突出。图 1-107 为对象选择工具选项栏。

图 1-107　对象选择工具选项栏

（1）模式：选取一种选择模式并框选对象周围的区域，Photoshop 会在已定义的区域内自动选择对象，软件提供了矩形和套索两种选择模式。

（2）对所有图层取样：根据所有图层，而并非仅仅是当前的图层来创建选区。

（3）增强边缘：减少选区边界的粗糙度和块效应，自动将选区扩展到图像边缘。

（4）减去对象：默认勾选。当要减去当前对象选区内不需要的区域时，会自动分析哪些属于对象的一部分，然后减去不属于对象的那部分。所以，框选稍大点的范围，会产生较好的删减结果。

使用对象选择工具框选叶子部分，自动抠出叶子，图 1-108(b)为去掉背景后的效果。

(a) 原图　　　　　　　　　　　　(b) 去掉背景后的效果

图 1-108　原图和使用"对象选择工具"得到的效果

6. 快速选择工具（快捷键 W）

使用可调整的圆形画笔笔尖快速绘制选区。拖动时，选区会向外扩展并自动查找和跟随图像中定义的边缘。

【案例 1-7】　室内小品制作。

（1）打开"素材\第 1 章\野花 3.jpg"素材图片文件。

（2）使用快速选择工具，勾选选项栏中"增强边缘"复选框，先把花的主体连同杆一起选出来。选的时候不要漏选，随时调整画笔大小，在选择杆时就需要画笔笔尖比杆稍微细一些才容易选择，如图 1-109 所示。

（3）打开"素材\第 1 章\桌景.jpg"素材图片文件，使用"快速选择工具"，用同样的方法把叶子选中，选择"选择"|"修改"|"扩展"命令，弹出"扩展选区"对话框，设置扩展量为 10 像素，如图 1-110 所示。

图 1-109　选择主体

（4）选择"编辑"|"内容识别填充"命令，自动填充叶子部分，按 Ctrl＋D 组合键取消选区，效果如图 1-111 所示。

图 1-110　扩展选区

图 1-111　内容识别填充效果

（5）把前面选中的花的主体复制（Ctrl＋C）、粘贴（Ctrl＋V）到目前文档中，按 Ctrl＋T 组合键，调整大小和位置，如图 1-112 所示。

图 1-112　花的大小和位置参考

（6）选择画笔工具（快捷键 B），按住 Alt 键，选择杆部颜色，设置画笔大小与杆一样粗细，绘制花与容器之间的杆，效果如图 1-113 所示，最终效果如图 1-114 所示。按 Ctrl+S 组合键，保存文件为"桌摆.psd"（参考"答案\第 1 章\案例 1-7-室内小品.psd"源文件）。

图 1-113　绘制花秆

图 1-114　最终效果

7. 魔棒工具

魔棒工具常用于抠单一色彩的图片。图 1-115 所示为魔棒工具选项栏。

图 1-115　魔棒工具选项栏

（1）容差：可以设置魔棒工具的"色彩范围"。数值越小，越容易选择与单击像素相似的颜色；数值越大，则选择的颜色范围越广，取值范围为 0～255。

（2）取样点：就是一个像素的点。

（3）连续：勾选"连续"复选框后，只能在图像中选择相邻的同一种颜色的像素。取消勾选此复选框，则在图像中使用同一种颜色的所有像素都将被选中。

8. 焦点区域

选择"选择"|"焦点区域"命令，打开"焦点区域"对话框。焦点区域适合快速选择对焦对象并将其与图像的其余部分分离，特别适用于主体清晰、前景或背景虚化的图像抠图，如图 1-116 所示。图 1-117 为设置"焦点区域"对话框，其中"焦点对准范围"数值为 4.86，在"视图"选项框中选择"闪烁虚线"选项，如图 1-118 所示，会自动把图像中清晰部分选中并以闪烁的虚线显示出来。如果还有些地方没有选中，可以使用"焦点区域"对话框中的焦点区域添加工具加选，使用焦点区域减去工具把多余部分减去。勾选"柔化边缘"复选框，可以使边缘虚化。设置"输出"选项，可以选择抠选出来的图像以什么方式显示出来，默认为"选区"，最后在图像中出现闪烁的虚线。

图 1-116　素材图

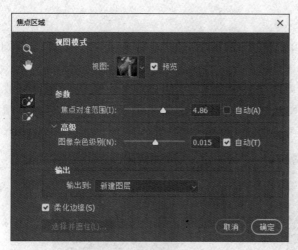

图 1-117　"焦点区域"对话框

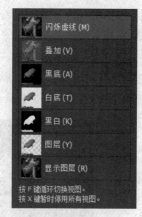

图 1-118　视图选择

（1）参数：中间滑块可以控制所选择的范围。向左可使选取的范围更大，向右就越小。

（2）高级：在包含杂色的图像中选定过多背景时增加图像杂色级别。同样，拖动滑块可以控制选取范围，下方的"柔化"边缘复选框一定要勾选，这样就不会有原图颜色的边缘残留。

1.4.2　选区操作

1. 变换选区

在选区内右击，在弹出的快捷菜单中选择"变换选区"命令，可以对选区进行旋转、缩放，如图 1-119 所示。此时再在选区内右击，使用弹出的快捷菜单可以进行"扭曲""变形"等操作，如图 1-120 所示。也可以先使用"选择"|"变换选区"命令，然后选择"编辑"|"变换"命令来实现。

图 1-119　"变换选区"命令

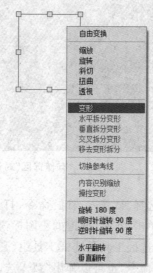

图 1-120　"变形"等命令

2. 移动选区

（1）选择移动工具，当选区内有像素时，即对选区内的图像进行移动，如图 1-121 所示。

（2）选择一种选框工具，在透明图层上建立选区。可以单击选框工具，当光标放到选区内时，会出现一个白色的箭头，右下方有一个矩形，这时就可以移动选区了，这种情况下只是选区范围的移动，不涉及选区内的像素，如图 1-122 所示。

图 1-121　使用移动工具移动选区　　　　图 1-122　使用选框工具移动选区

3. 存储和载入选区

创建完选区之后，在选区中间右击，在弹出的快捷菜单中选择"存储选区"命令，也可以选择"选择"|"存储选区"命令，打开"存储选区"对话框，如图 1-123 所示。存储的选区会在"通道"面板中形成一个通道，如图 1-124 所示，以备以后使用。

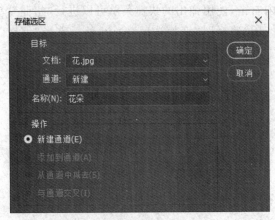

图 1-123　"存储选区"对话框　　　　图 1-124　选区存储到通道

选择"选择"|"载入选区"命令，打开"载入选区"对话框，如图 1-125 所示，或者在"通道"面板中单击"花朵"通道的小图标，也可以载入选区。如果画布中没有选区存在，并且目前使用的选区工具是选框工具组、套索工具组或者快速选择工具组，在画布右击，选择"载入选区"命令，也可以弹出"载入选区"对话框。

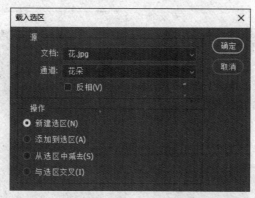

图 1-125　"载入选区"对话框

🖈 技巧

取消选区的快捷键为 Ctrl＋D，载入上次的选区快捷键为 Ctrl＋Shift＋D。

4. 羽化选区边缘

羽化就是模糊选区的边缘，羽化值越大，边缘就越模糊，图 1-126 所示为几种羽化效果比较。常用的设置方法有三种：在工具选项栏中设置羽化值；也可以在选区内右击，在弹出的快捷菜单中选择"羽化"命令，设置羽化半径值；或者选择"选择"|"修改"|"羽化"命令，设置羽化半径值。

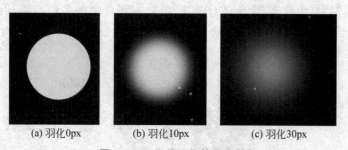

(a) 羽化0px　　　　(b) 羽化10px　　　　(c) 羽化30px

图 1-126　几种羽化效果比较

5. 填充选区

在制作出选区后，选择"编辑"|"填充"命令，打开"填充"对话框，或者按 Shift＋F5 组合键打开"填充"对话框，如图 1-127 所示，设置填充的内容。也可以使用 Ctrl＋Delete 组合键填充背景色，使用 Alt＋Delete 组合键填充前景色。

6. 选区描边

选择"编辑"|"描边"命令，打开"描边"对话框，如图 1-128 所示，可以添加图层中的对象或者对选区进行描边。

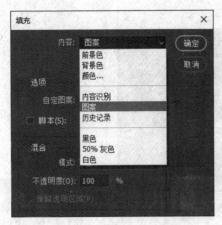

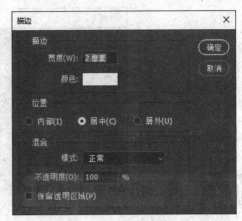

图 1-127　"填充"对话框　　　　　　　　　图 1-128　"描边"对话框

1.5　图像变形

在图像编辑的过程中,图像旋转、缩放、变形等是最常用的功能。

1.5.1　"自由变换"命令

选择"编辑"|"自由变换"命令(Ctrl+T)可以实现对象的多种变换,但是对于处于锁定状态的背景层不起作用。通过拖动选区周边的方形控制点可以实现对象的缩放和变形,如图 1-129 所示。

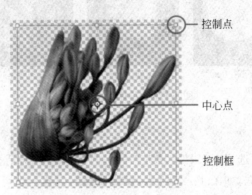

图 1-129　"自由变换"命令

提示:按 Ctrl+T 组合键之后没有发现中心点,可以在菜单栏中选择"编辑"|"首选项"|"工具"命令,或者按 Ctrl+K 组合键,打开"首选项"对话框,找到"工具"组中的"在使用'变换'时显示参考点"复选框,将其勾选,如图 1-130 所示。再次对图像进行变换时,变换框内已经成功显示中心点。

可以通过"自由变换"命令选项栏实现变换参数的调整,也可以在自由变换和变形模式之间切换，如图 1-131 所示。

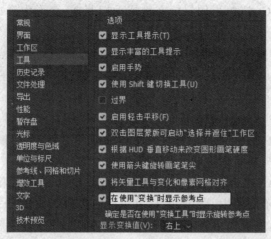

图 1-130　勾选"在使用'变换'时显示参考点"复选框

图 1-131　"自由变换"命令选项栏

(1) 切换参考点：变换的中心点，一个图像只有一个中心点，并且可以通过单击更改参考点的位置。

(2) 参考点位置：通过在两个文本框中输入数值，精确定位参考点的位置。

(3) 相对定位：指定相对于当前参考点位置的新参考点位置。

(4) 设置缩放比例：通过修改两个文本框的百分比，可以更改图像的缩放比例。

(5) 锁定缩放比例：图像在缩放时，将保证宽度和高度按等比例缩放。

(6) 旋转角度：可以在文本框中输入数值，实现精准旋转。

(7) 水平斜切：设置水平斜切的精确数值。

(8) 垂直斜切：设置垂直斜切的精确数值。

(9) 差值方式：根据需求选择不同的差值方式。

(10) 变形模式：将切换到变形模式。

(11) 取消变换：取消变换操作，或可按 Esc 键。

(12) 确认变换：确定变换操作，或可按 Enter 键。

当使用自由变换(Ctrl＋T)时，开启自由变换之后，直接拖动控制点可以完成图形对角位置不变的等比缩放，拖动控制框可以实现对边控制框位置不变的等比缩放，然后配合 Ctrl、Shift、Alt 键，可以对图像进行缩放、旋转、透视等。其中，Ctrl 键控制自由变化；Shift 键控制方向、角度和等比例放大缩小；Alt 键控制中心对称。

(1) 配合 Alt 键操作。按住 Alt 键，再用鼠标左键拖动控制点和控制框，实现对角不变的中心对称变换，即中心不变的等比缩放(可反向拖动，形成翻转效果)。

（2）配合 Ctrl 键操作。按住 Ctrl 键，再用鼠标左键拖动控制点，变形为对角为直角的自由四边形。按住 Ctrl 键，再用鼠标左键拖动控制框，变形为对边不变的自由平行四边形。

（3）配合 Shift 键操作。按住 Shift 键，再用鼠标左键拖动控制点，变形为不等比例放大或缩小（可反向拖动，形成翻转图形）。按住 Shift 键，再用鼠标左键在控制框外拖动，按 15°增量旋转角度。

（4）配合 Ctrl＋Shift 组合键操作。按住 Ctrl＋Shift 组合键，再用鼠标左键拖动控制点，变形为对角为直角的直角梯形。按住 Ctrl＋Shift 组合键，再用鼠标左键拖动控制框，变形为对边不变的等高或等宽的自由平行四边形。

（5）配合 Ctrl＋Alt 组合键操作。按住 Ctrl＋Alt 组合键，再用鼠标左键拖动控制点，变形为相邻两角位置不变的中心对称的自由平行四边形。按住 Ctrl＋Alt 组合键，再用鼠标左键拖动控制框，变形为相邻两边位置不变的中心对称的自由平行四边形。

（6）配合 Shift＋Alt 组合键操作。按住 Shift＋Alt 组合键，再用鼠标左键拖动控制点，变形为中心对称的等比例放大或缩小的矩形。

（7）配合 Ctrl＋Shift＋Alt 组合键操作。按住 Ctrl＋Shift＋Alt 组合键，再用鼠标左键拖动控制点，变形为等腰梯形、三角形或相对等腰三角形。

（8）重复上一次变换。在变形完成确认操作后，按 Ctrl＋Shift＋Alt＋T 组合键，可以重复上一次变形，多次按组合键，可以产生按照第一次变形方式的规律变化。

【案例 1-8】 创建曲线背景。

（1）打开"素材\第 1 章\手.jpg"文件，另存为"曲线.psd"。

（2）使用钢笔工具绘制如图 1-132 所示路径。设置前景色为白色，新建图层，选择铅笔工具，设置大小为 10 像素，在"路径"面板中右击"工作路径"项，选择"描边路径"命令，如图 1-133 所示。在弹出的"描边路径"对话框中选择"铅笔"选项，删除工作路径，效果如图 1-134 所示。

图 1-132　绘制路径

图 1-133　设置描边路径

（3）按 Ctrl＋T 键自由缩放，设置"水平缩放"为 95％，垂直缩放自动也变成 95％，设置旋转角度为 3°，按 Enter 键确认输入，再按 Enter 键确认变形，再按 Ctrl＋Shift＋Alt＋T 组合键重复上一次变换，然后按 30 次，得到如图 1-135 所示效果。

图 1-134　描边路径的效果

图 1-135　复制图层

（4）回到"图层"面板，选择 31 个线条图层，按 Ctrl＋E 组合键合并图层，按 Ctrl＋T 组合键调整线条大小和位置，如图 1-136 所示。

（5）添加图层蒙版，设置画笔颜色为黑色，在手指和手臂部分涂抹，得到如图 1-137 所示的最终效果。

图 1-136　调整大小

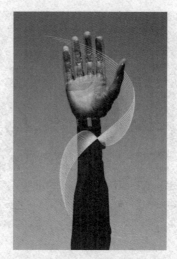

图 1-137　最终效果

（6）保存文件（参考"答案\第 1 章\案例 1-8-曲线背景.psd"源文件）。

【案例 1-9】　修改桌摆照片。使用自由变换工具调整照片。

（1）打开"素材\第 1 章\桌摆.jpg"文件，另存为"桌摆.psd"。

（2）直接把"素材\第 1 章\摄影.jpg"文件拖动到"桌摆"文件中，作为置入文件，不按 Enter 键，如图 1-138 所示。

（3）按住 Ctrl 键，拖动 4 个角到桌摆的 4 个角位置，按 Enter 键，如图 1-139 所示。

图 1-138　置入文件　　　　　　　　　　　图 1-139　"自由变换"调整效果

（4）为了增加真实感，为"摄影"图层添加一个"内阴影"，设置"大小"为 10 像素，"软化"为 8 像素，"角度"为 140 度，"高度"为 30 度，参数设置如图 1-140 所示，最终效果如图 1-141 所示。

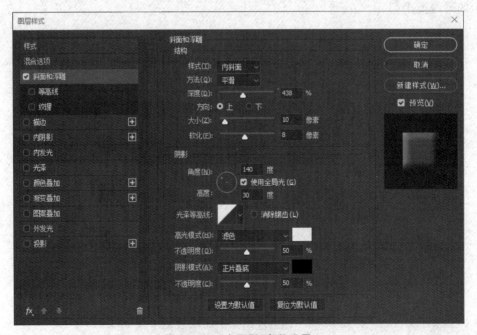

图 1-140　"内阴影"参数设置

（5）保存文件（参考"答案\第 1 章\案例 1-9-桌摆.psd"源文件）。

1.5.2　"变换"命令

选择"编辑"|"变换"命令，可以实现对象的多种变换。

（1）缩放：实现图像的缩小和放大。按住控制点或者控制框，可以等比例缩放。

（2）旋转：可以对图像进行旋转。旋转时，可以直接在选项栏的旋转角度文本框中输入数值，进行精确的旋转，也可以拖动变换框的控制点进行旋转，同时按住 Shift 键按 15°旋转。也可以在变形框中右击，在弹出的快捷菜单中选择"旋转 180 度""旋转 90 度（顺时针）"或"旋转 90 度（逆时针）"命令，或者选择"水平翻转"或"垂直翻转"命令。

图 1-141　最终效果

（3）斜切：可以对图像进行斜方向的变换。

（4）扭曲：可以对图像进行扭曲操作。

（5）透视：可以对图像变换不同的透视角度。

（6）变形：可以对图像任意变换形状。当选择"变形"命令时，选项栏也随之变化，如图 1-142 所示。

图 1-142　"变形"命令选项栏

其中各选项的作用如下。

（1）拆分：分别为交叉拆分变形、垂直拆分变形和水平拆分变形，加一次变形之后可以再加其他变形，如图 1-143 所示。

(a) 交叉拆分变形

(b) 垂直拆分变形

(c) 水平拆分变形

图 1-143　拆分变形效果

（2）网格：可用于设置图像变形的网格多少，图 1-144 所示为设置 4×4 的效果，或者根据需要自行设定网格。

（3）变形：软件提供了 15 种变形方式，如图 1-145 所示。制作时使用会使效果更好，效率更高。

图 1-144　设定网格效果

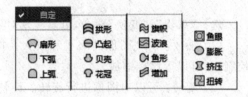

图 1-145　变形方式

1.5.3　透视变形

"透视变形"命令可以轻松调整图像透视,此功能对于包含直线和平面的图像(例如,建筑图像和房屋图像)尤其有用,图 1-146 所示为"透视变形"命令选项栏。

图 1-146　"透视变形"命令选项栏

(1)版面:在此模式中布置四边形的形状,如图 1-147 所示,设置一个平面。

(2)变形:在此模式中调整图钉以使图像变形。

(3)垂直:自动拉直接近垂直的线段,如图 1-148 所示。

图 1-147　设置一个平面

图 1-148　垂直

(4)水平:自动拉平接近水平的线段,如图 1-149 所示。

(5)水平和垂直:自动水平和垂直变形,如图 1-150 所示。

(6)恢复:删除所有四边形。

(7)取消:取消所有操作。

(8)确认:确认透视变形。

图 1-149 水平

图 1-150 水平和垂直

使用以下快捷键可以轻松地调整透视。

（1）在选中图钉后，使用上下左右键略微移动四边形的边角。

（2）H 键可在变形模式下工作时，隐藏网格。

（3）L 键可切换到版面模式。

（4）W 键可切换到变形模式。

（5）Enter 键可在版面模式下，按 Enter 键快速切换到变形模式。在变形模式下，Enter 键则用于将当前更改提交至透视。

（6）按住 Shift 键并单击（变形模式）可将四边形的一条边拉直，并在后续透视操控中保持其伸直。如果不希望保留边缘伸直，则再次按住 Shift 键并单击该边缘。

（7）在变形模式下，按住 Shift 键并拖动边缘可在延伸平面时约束其形状。

1.5.4 操控变形

"操控变形"命令可以将图像转化为一种可视化形式的网格，可以在此网格上的控制点拖动需要扭曲变形的图像区域，而使其他区域保持不变，这样可以精确地将任何图像重新变形。

"操控变形"命令选项栏如图 1-151 所示。

图 1-151 "操控变形"命令选项栏

（1）模式：目前有"刚性""正常"和"扭曲"3 种模式。刚性——使变形效果比较精确，但是图像过渡不是很柔和；正常——变形效果比较精确，缺少柔和过渡；扭曲——可以在变形的同时创建透视效果。

（2）密度：共有"较少点""正常"和"较多点"3 种。"较少点"网格点较少，变形效果生硬；"正常"网格数量适度；"较多点"网格点较多，变形效果柔和。

（3）扩展：用来设置变形效果的衰减范围。较大数值则变形边缘平滑，较小数值则变形边缘生硬。

（4）显示网格：控制是否在变形图像上显示出变形网格。

（5）图钉深度：前提需要选中一个"图钉"。"将图钉前移"按钮 ：可以将选中的图钉向上层移动一个堆叠顺序；"将图钉后移"按钮![图标]：可以将选中的图钉向下层移动一个堆叠顺序。

（6）旋转：有"自动"和"固定"两个选项。自动：在拖曳图钉变形图像时，系统会自动对图像进行旋转处理；固定：选中后，在文本框中输入具体旋转角度即可，用于设置精确的旋转角度。

【案例 1-10】 修改鹿角大小。使用"操控变形"工具来调整鹿角大小。

（1）打开"素材\第 1 章\鹿.jpg"文件，另存为"鹿.psd"。

（2）在"快速选择工具"组中选择"选择主体"选项，可以大致把鹿的主体部分选中，但是鹿角有些部分没有选中或者多选了，如图 1-152 所示。再通过"快速选择工具"加选、减选来完成鹿角的选择，如图 1-153 所示。

图 1-152　使用"选择主体"命令选择主体　　　图 1-153　使用"快速选择工具"选择鹿角

（3）按 Ctrl＋Shift＋J 组合键，复制当前选区的同时删除当前图层选区部分，得到"图层 1"鹿主体部分，按 Ctrl＋J 组合键，复制"图层 1"得到"图层 1 拷贝"图层，选择"编辑"|"操控变形"命令，单击，用"钉子"把不需要动的地方锁定，如图 1-154 所示。再在鹿角上设置几个钉子并拖动，效果如图 1-155 所示，单击确定。

图 1-154　"操控变形"钉钉子　　　　　图 1-155　修改鹿角大小

（4）回到"背景 拷贝"图层，按住 Ctrl 键单击"图层 1"，选择"选择"|"修改"|"扩展"命令，设置扩展量为 10 像素；选择"编辑"|"内容识别填充"命令，填充背景，按 Ctrl＋D 组合键取消选区，隐藏"图层 1"和"图层 1 拷贝"，得到如图 1-156 所示效果。

（5）显示"图层 1 拷贝"，如图 1-157 所示，保存文件(参考"答案\第 1 章\案例 1-10-鹿.psd"源文件)。

图 1-156　"内容识别填充"效果　　　　　图 1-157　最后效果

1.5.5　内容识别比例

传统的缩放功能，会在照片缩减的同时使主体变形失真，而"编辑"菜单中"内容识别比例"命令将首先对图像进行分析，智能保留下前景物体的当前比例(由软件自动分析)，然后才会开始对背景缩放，这样照片中的主要对象便不会出现太大的失真，如图 1-158 所示。

(a) 原始图片　　　　　　(b) 内容识别比例缩小　　　　(c) "变换"命令缩小

图 1-158　宽度缩小 50％效果对比

【案例 1-11】　婚纱照横版变竖版。把图 1-159 所示的婚纱照由横版变成竖版，并且要拉长婚纱，使其更显大气，如图 1-160 所示。

图 1-159　原图　　　　　　　　　图 1-160　效果图

首先把画布上下各增加一部分,利用"内容识别填充"命令把上下半部分自动识别填充,使用"变形"工具把婚纱拉长,最后配上文字,完成任务。

"内容识别填充"命令能够快速有效地帮助设计师修整图片,大部分情况下修图的痕迹不明显。

操作步骤如下。

(1)打开"素材\第 1 章\婚纱照.jpg"文件,另存为"婚纱照.psd"。

(2)选择"编辑"|"画布大小"命令,弹出"画布大小"对话框。设置高度为 30 厘米,勾选"相对"复选框,如图 1-161 所示,这样得到上下都增加 15 厘米的白色画布,如图 1-162 所示。

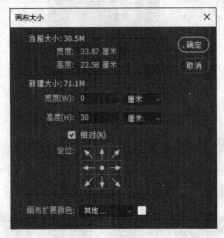

图 1-161　设置画布大小

图 1-162　扩展画布效果

(3)使用矩形选框工具选择上面扩展的画布,选择"编辑"|"内容识别填充"命令,用取样画笔工具把不需要取样的部分去掉,如图 1-163 所示。单击"确认",按 Ctrl+D 组合键取消选区,得到如图 1-164 所示效果。

图 1-163　去掉不需要取样部分(1)

图 1-164　内容识别填充效果(1)

(4)选择背景图层,使用矩形选框工具选择下面扩展的画布,选择"编辑"|"内容识别填充"命令,用取样画笔工具把不需要取样的部分去掉,如图 1-165 所示。单击"确认",按

Ctrl＋D 组合键取消选区,得到如图 1-166 所示效果。

图 1-165　去掉不需要取样部分(2)

图 1-166　内容识别填充效果(2)

　　(5) 选择背景图层,使用"快速选择工具"把裙子部分选出来,结合 Shift 键和 Alt 键及时减选和加选,得到如图 1-167 所示效果。然后按 Ctrl＋J 组合键复制当前选区,形成"图层 1",并把"图层 1"移动到"背景 拷贝 2"之上,如图 1-168 所示。

图 1-167　"快速选择工具"选择婚纱部分

图 1-168　图层顺序

　　(6) 选择"编辑"|"变换"|"变形"命令,在"变形"选项栏中选择"水平拆分变形"选项,为婚纱增加一条水平拆分线,如图 1-169 所示。

　　(7) 按住 Alt,滑动鼠标滑轮,把视图缩小,拖动最下面的控制点往下移动,直到超过底部边界,效果如图 1-170 所示。按 Enter 键确认操作,再按 Ctrl＋D 组合键取消选区。

　　(8) 置入"素材\第 1 章\文字.png"文件,调整大小和位置,最终效果如图 1-171 所示。

　　(9) 保存文件(参考"答案\第 1 章\案例 1-10-婚纱照.psd"源文件)。

图 1-169　增加水平拆分线

图 1-170　变形效果

图 1-171　最终效果

相关知识

1. 使用 Photoshop 建立新文件时，如何设置图像分辨率

设定图像分辨率的规则为，需要打印设置为 300 像素/英寸；新闻纸 150 像素/英寸；大幅面喷绘以 90cm×120cm 展板为例，可以设置 100 像素/英寸；设计户外如 5m×20m 的大喷布时则要更小，一般设置 20 像素/英寸；若要在网页上显示，则设置 72 像素/英寸即可。

图像分辨率设定应恰当，若分辨率太高，计算机运行速度慢，占用的磁盘空间大；若分辨率太低，影响图像清晰度。

一定要在文件建立时设置好图像的分辨率，如果在文件生成后再更改分辨率，会严重影响图像的质量。

2. 如何设置图像扫描参数

Photoshop 中处理的图像经常是用扫描仪扫描得到，为了使扫描得到的图像更真实、清晰，应该适当设置扫描参数。

从理论上讲，将扫描分辨率设置得越高，扫描出的图像每英寸像素点就越多，表达的原稿细节就越丰富。实际扫描时可以区别对待，如果要扫描的是工程图或含有文本信息的图像，应将扫描分辨率设置得高些，使线条、笔画能够较好区分；如果扫描的图像只是屏幕显示或网页图像，扫描分辨率可以设置为 72 像素/英寸，这样信息量少，便于在网上传输；如果图像要印刷出版，则要设置 300 像素/英寸以上的分辨率。

如果扫描的是图表，最好生成 GIF 文件，如果扫描的是照片，要保存为 JPG 格式。如果是黑白图像，要先转换为灰度模式，然后保存为 GIF 格式文件；如果颜色在 256 色以下，要用 GIF 格式保存，这样文件容量小，不损失质量；如果是真彩色图像，采用彩色扫描并保存为 JPG 格式，这样扫描后的色彩层次丰富、饱和度高。

3. 矢量软件

矢量图使用直线和曲线来描述图形,这些图形的元素是一些点、线、矩形、多边形、圆和弧线等,它们都是通过数学公式计算获得的。常用的矢量图软件有 Adobe Illustrator、CorelDRAW、CAD 等。

Adobe Illustrator,简称 AI,是一种应用于印刷出版、海报书籍排版、专业插画、多媒体图像处理和在线图像的工业标准矢量插画的软件,可以提供较高的精度和控制,适合于任何小型设计和大型的复杂项目。

CorelDRAW Graphics Suite 是加拿大 Corel 公司的平面设计和矢量图形制作工具软件,该软件给设计师提供了矢量动画、页面设计、网站制作、位图编辑和网页动画等多种功能。

CAD(computer aided design)是利用计算机及其图形设备帮助设计人员进行设计工作,主要应用于机械、建筑、家居、纺织等诸多行业,拥有广大的用户群。

4. 颜色模式 8 位、16 位和 32 位有什么不同

(1) 文件大小不同,如果一个 8 位图像有 5MB 大小,当图像变成 16 位时,大小就变成 10MB。

(2) 16 位图像相比 8 位图像有较好的色彩过渡,更加细腻,携带的色彩信息更加丰富。

(3) 在 Photoshop 中,8 位图像绝大多数内置和外置滤镜都可以正常使用,但在 16 位时,大多数滤镜将停止工作,因为大多数滤镜是基于 8 位图像来运算的。

(4) 8 位图像信息少,Photoshop 要处理的信息就少,处理速度快,硬件配置要求相对低,16 位则慢而吃力。

(5) 8 位和 16 位指的是图像中的一个通道的位深。例如,8 位 RGB,一个 R 通道有 2^8 个灰度级;16 位 RGB,一个 R 通道中有 2^{16} 个灰度级。8 位 RGB 三个通道组成 24 位 $(3×8＝24)$图像,即通常说的 24 位图像,16 位 RGB 三个通道组成 48 位$(3×16＝48)$图像。

(6) 常见的 8 位通道 RGB 图像,三个通道共 24 位,即一张 24 位 RGB 图像中可表现大约 1 670 万种颜色;而 16 位通道 RGB 图像,三个通道共 48 位,即 2^{48} 种颜色。

(7) Photoshop 中的 8 位、16 位、32 位是颜色深度,用来度量图像中有多少颜色信息,可用于显示或打印像素,其单位是"位"(bit),所以颜色深度有时也称为"位深度"。常用的颜色深度是 1 位、8 位、24 位和 32 位。1 位有两个可能的数值:0 或 1,在 Photoshop 中新建文档时,选择颜色模式为"位图"模式,后面的位数只能选择 1bit。

5. 常用印刷尺寸

在进行设计时,设计作品的大小不是随意设计的,需要根据纸张的大小来安排设计作品的大小,以尽量做到不浪费纸张,当然需要特殊设计的作品除外。

印刷常规尺寸如下。

大度是国际标准:整张纸尺寸为 1 194mm×889mm。

正度是国内标准:整张纸尺寸为 1 092mm×787mm。

（1）4 开尺寸。

标准型：大度 4 开成品尺寸为 420mm×570mm，加出血尺寸为 426mm×576mm
　　　　正度 4 开成品尺寸为 370mm×520mm，加出血尺寸为 376mm×526mm

长型：　 大度 4 开成品尺寸为 840mm×280mm，加出血尺寸为 846mm×286mm
　　　　正度 4 开成品尺寸为 740mm×255mm，加出血尺寸为 746mm×261mm

（2）8 开尺寸。

标准型：大度 8 开成品尺寸为 420mm×285mm，加出血尺寸为 426mm×291mm
　　　　正度 8 开成品尺寸为 370mm×260mm，加出血尺寸为 376mm×266mm

长型：　 大度 8 开成品尺寸为 570mm×205mm，加出血尺寸为 576mm×211mm
　　　　正度 8 开成品尺寸为 520mm×180mm，加出血尺寸为 526mm×186mm

（3）16 开尺寸。

标准型：大度 16 开成品尺寸为 210mm×285mm，加出血尺寸为 216mm×291mm
　　　　正度 16 开成品尺寸为 185mm×260mm，加出血尺寸为 191mm×266mm

长型：　 大度 16 开成品尺寸为 420mm×140mm，加出血尺寸为 426mm×146mm
　　　　正度 16 开成品尺寸为 370mm×125mm，加出血尺寸为 376mm×131mm

（4）32 开尺寸。

标准型：大度 32 开成品尺寸为 210mm×140mm，加出血尺寸为 216mm×146mm
　　　　正度 32 开成品尺寸为 185mm×125mm，加出血尺寸为 191mm×131mm

长型：　 大度 32 开成品尺寸为 285mm×100mm，加出血尺寸为 291mm×106mm
　　　　正度 32 开成品尺寸为 255mm×90mm，加出血尺寸为 261mm×96mm

6. 图像大小和画布大小的关系

（1）图像大小。图像大小是指编辑文档中图像的尺寸和像素的大小。

选择"图像"|"图像大小"命令或者按 Alt＋Ctrl＋I 组合键调整图像大小，图像本身缩放的同时，画布也相应地缩放。

（2）画布大小。新建文件时设置的宽度和高度值是文件画布尺寸的大小，即所编辑文档的尺寸大小，画布大小直接影响文件的大小。

选择"图像"|"画布大小"命令或者按 Alt＋Ctrl＋C 组合键调整画布大小。增大画布会在现有画布的周围扩大空间，扩展出的空间可以填充不同的颜色；减小画布可以使画布缩小。

更改画布大小时，普通图层上的图像大小不会发生变化，但是当缩小的画布小于图像尺寸时，图像不能完全显示出来，要调整图像的大小才能显示在画布上。

思考与练习

一、单项选择题

1. 下面因素变化时，不影响图像所占硬盘空间大小的是（　　　）。

　　A. 像素大小　　　　　　　　　B. 文件尺寸
　　C. 分辨率　　　　　　　　　　D. 文件是否添加后缀

2. 用 Photoshop 加工图像时,以下( )图像格式可以保存所有编辑信息。

A. BMP   B. GIF   C. TIF   D. PSD

3. 在图像像素的数量不变时,增加图像的宽度和高度,图像分辨率会( )。

A. 降低   B. 增高   C. 不变   D. 无影响

4. 当选择"文件"|"新建"命令,在弹出的"新建"对话框中不可设定( )选项。

A. 图像的高度和宽度   B. 图像的分辨率

C. 图像的颜色模式   D. 图像的色彩平衡

5. CMYK 颜色模式中的 M 代表的颜色是( )。

A. 黑色   B. 青色   C. 洋红   D. 黄色

6. 下列能以 100%的比例显示图像的是( )。

A. 调整图像大小   B. 调整画布大小

C. 双击抓手工具   D. 双击缩放工具

7. 在 Photoshop 中,要想切换显示或隐藏除工具箱外的其他控制面板,使用的组合
键是( )。

A. Shift+Tab   B. Tab   C. Shift+W   D. Shift+F

8. 移动一条参考线的方法有( )。(多选题)

A. 使用移动工具拖动

B. 无论当前使用何种工具,按住 Alt 键的同时单击

C. 在工具箱中选择任何工具进行拖拉

D. 无论当前使用何种工具,按住 Ctrl 键的同时单击

9. 缩小当前图像的画布大小后,图像分辨率发生的变化是( )。

A. 降低   B. 增高   C. 不变   D. 无影响

10. ( )工具属于规则选择工具。

A. 矩形选框工具   B. 直线工具

C. 魔棒工具   D. 套索工具

11. 小王运用 Photoshop 软件将图 1-172 处理成图 1-173 效果,请问他采取的操作
是( )。

A. 旋转   B. 羽化   C. 放大   D. 变形

图 1-172   原图   图 1-173   效果图

12. 下面是创建选区时常用的功能,正确的是(   )。

    A. 按住 Ctrl 键的同时单击工具箱的选择工具,就会切换不同的选择工具

    B. 按住 Alt 键的同时拖拉鼠标可得到正方形的选区

    C. 按住 Alt 和 Shift 键可以形成以鼠标指针落点为中心的正方形和正圆形的选区

    D. 按住 Shift 键使选择区域以鼠标指针的落点为中心向四周扩散

13. 下列选项中可以选择连续的相似颜色区域的工具是(   )。

    A. 椭圆选框工具   B. 矩形选框工具

    C. 魔棒工具   D. 磁性套索工具

14. 使用(   )工具,可以实现图像的复制。

    A. 移动工具   B. 缩放工具   C. 套索工具   D. 抓手工具

15. 为了确定磁性套索工具对图像边缘的敏感程度,应调整的数值属于(   )。

    A. 容差   B. 边对比度   C. 颜色容差   D. 套索宽度

16. 载入上次的选区应按(   )组合键。

    A. Ctrl+Alt+D   B. Ctrl+Shift+D   C. Ctrl+D   D. Shift+D

17. 用于印刷的 Photoshop 图像文件必须设置为(   )色彩模式。

    A. RGB   B. 灰度   C. CMYK   D. 黑白

18. 按住(   )键可保证椭圆选框工具绘出正圆形。

    A. Shift   B. Alt   C. Ctrl   D. Caps Lock

二、填空题

1. 在 Photoshop 中,图像组成的最小单位是_____。

2. 图像分辨率的高低标志着图像质量的优劣,分辨率越_____,图像效果就越好。

3. 如果图像只用于屏幕显示,选择 RGB 色彩模式,如果用于四色印刷,则选择_____模式。

4. 矢量图最大的特点是不受_____的影响,在印刷时可以任意放大或缩小,不会影响图的清晰度。

三、简述题

比较位图与矢量图的原理和特点。

第 2 章

基础工具运用

本章介绍选择、移动、画笔、吸管、油漆桶、套索、魔棒、形状和钢笔等工具的使用方法，以及如何运用图层、填充、描边、变换等命令制作多种有创意的作品。

学习目标

(1) 掌握图层的基本应用。

(2) 熟练掌握图像选择工具的使用方法。

(3) 熟练掌握画笔、橡皮等绘画工具。

(4) 熟练掌握矢量图形的绘制。

(5) 掌握钢笔工具组的使用方法。

(6) 掌握路径及"路径"面板的应用方法。

2.1　图层应用

在 Photoshop 中，图层是不可缺少的工具，它显示了当前文件包含的所有信息，任何一个设计作品都少不了图层的运用。

2.1.1　图层基础

1. 图层的概念

可以把图层想象成是一张一张叠起来的透明纸，每张透明纸上都有不同的图像，可以分别进行编辑。改变图层的顺序和属性可以改变图像的最后效果。通过对图层的不同操作，可以创建很多复杂的图像效果。

2. 图层类型

选择"窗口"|"图层"命令可以打开"图层"面板，也可以按 F7 键。常用的图层类型有以下 6 种，如图 2-1 所示(参考"素材\第 2 章\图层.psd"素材图片文件)。

(1) 背景图层：背景图层被锁定于图层的最底层，它是不透明的，一个图像文件只有一个背景图层，并且无法改变背景图层的排列顺序，同时也不能修改它的不透明度或混合模式。如果要对背景图层进行操作，可以通过双击背景图层，把它转换为普通图层。

(2) 普通图层：最基本的图层类型，它就相当于一张透明纸。普通图层可以通过图层混合模式实现与其他图层的融合。

(3) 形状图层：由形状工具或钢笔工具创建。

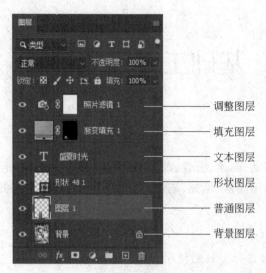

图 2-1　图层类型

（4）文本图层：由文本工具在文档中创建文字后，软件自动新建一个文本图层。

（5）填充图层：可以给当前图层进行"纯色""渐变"和"图案"三种类型的填充，并结合图层蒙版的功能产生遮罩效果。

（6）调整图层：通过一个带蒙版的新图层对图像进行色彩的调整，不影响图像本身，如图 2-2 所示，每次修改时，只要双击调整图层即可打开。而"图像"菜单中的"调整"命令则是对图像本身进行调整，调整后不能还原图像。

图 2-2　新建"色相/饱和度"，调整前与调整后的对比

在"色相/饱和度"属性面板的按钮 为"此调整影响下面的所有图层"，单击则只影响下面一个图层；单击按钮 可查看上一状态；单击按钮 可复位到面板默认值。

3. "图层"面板

"图层"面板上显示了图像中的所有图层、图层组和图层效果，可以使用"图层"面板上的多种功能来完成一些图像编辑任务,如创建、隐藏、复制和删除图层等;还可以设置图层混合模式;添加图层样式,改变图层上图像的效果,如添加阴影、外发光、浮雕等;改变图层的不透明度等参数,制作不同的效果,如图 2-3 所示。

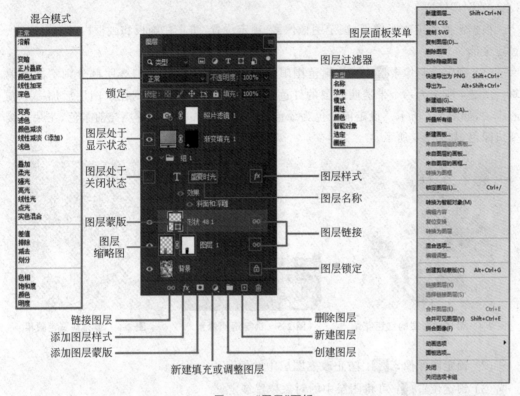

图 2-3　"图层"面板

1) 图层过滤器

在"图层"面板中有一个图层过滤器,其下拉菜单包括类型、名称、效果、模式、属性、颜色、智能对象、选定、画板 9 个选项,可以分类选择相应的图层。

(1) 类型:包括像素、调整图层、文字、矢量、智能对象 5 类,可以选择其中一个或多个进行筛选。

(2) 名称:直接在表单输入名称查询。

(3) 效果:按照图层所添加的图层样式分类。

(4) 模式:按照图层混合模式分类。

(5) 属性:按照可见、锁定、空、链接的、已剪切、图层蒙版、矢量蒙版、图层效果、高级混合分类。

(6) 颜色:按照图层标识颜色分类。

(7) 智能对象:选择图层中的智能对象。

(8) 选定:把选定的图层筛选出来。

(9) 画板:选择图层中的画板。

　　图层分类及查询用于管理多图层的文件,尤其在制作较为复杂的效果时,可以快速找到所需图层,并对图层进行更改或编辑。

　　"图层过滤器"最右侧按钮 用于打开或关闭图层过滤器。

　　2)图层锁定

　　根据需要锁定透明像素、锁定图像像素、锁定位置、防止在画板和画框内外自动嵌套、锁定全部。

　　(1)锁定透明像素 :将编辑范围限制在图层的不透明部分,透明部分则不能被编辑。图 2-4 所示为一个带透明图层的红色花朵。锁定透明像素,则在该图层后加一个实心小锁,如图 2-5 所示。设定前景色为绿色,按 Alt+Delete 组合键填充前景色,花朵直接变成绿色,如图 2-6 所示。

图 2-4　带透明图层的红色花朵　　　　图 2-5　锁定透明像素　　　　图 2-6　填充前景色效果

　　(2)锁定图像像素 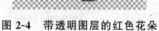:防止改变图层中的像素。

　　(3)锁定位置 ⊕:可将图层中的对象位置锁定。

　　(4)防止在画板和画框内外自动嵌套 □:当使用移动工具将画板内的图层或图层组移动出画板的边缘时,被移动的图层或图层组就不会脱离画板。

　　(5)锁定全部 🔒:锁定图层中所有信息被锁定,该图层不能被编辑。

　　3)面板按钮

　　(1)链接图层:用来链接当前所选中的两个或两个以上的图层。按住 Ctrl 键,再选中至少两个或两个以上的图层,单机"链接"按钮 ⊖,选择的图层将链接,被链接的图层右侧会显示"小锁链"的标识。被链接的图层只要用移动工具拖动其中任何一个图层,其他的图层也会跟着一起移动;在进行变换操作时,这些被链接到一起的图层将作为一个整体进行变换操作。

　　(2)添加图层样式:单击"添加图层样式"按钮 fx,或者双击"缩略图",或者双击"图层名称右侧空白处",都可以弹出"图层样式窗口"。

　　(3)添加图层蒙版:单击"添加图层蒙版"按钮 ●,可以为当前图层添加一个蒙版。在没有选区的状态下,单击该按钮为图层添加空白蒙版;在有选区的情况下单击该按钮,则选区内的部分在蒙版中显示为白色,选区以外的区域则显示为黑色。

　　(4)创建新的填充或调整图层:单击 ◑ 按钮,在弹出的菜单中选择相应的命令,即可创建填充图层或调整图层。

（5）创建新组：单击"创建新组"按钮▢（组合键为 Ctrl＋G），即可新创建一个"图层组"。"图层组"就是一个图层的文件夹。在"图层组"中可以包含多个图层，甚至一个"图层组"可以包含其他"图层组"。"图层组"的重命名与图层的重命名方式相同，只需双击当前图层组名称即可。通过"图层组"，能直观地了解所有图层的层级关系，以便更好地编辑和管理图层。

（6）创建新图层：单击"创建新图层"按钮⊞（组合键为 Ctrl＋Shift＋N），即可创建新图层。

（7）删除图层：选中一个图层或图层组，单击"删除图层"按钮🗑（Delete 键），即可删除该图层或者图层组。

4）其他

（1）显示/隐藏图层：在有的图层缩览图左侧有一个"小眼睛"的图标，说明该图层是处于显示状态的；如果没有"小眼睛"图标，则该图层处于不显示状态。单击"小眼睛"图标，可以切换"显示"或"不显示"状态。

技巧

按住 Alt 键再次单击"小眼睛"图标，将只显示当前图层，其他图层隐藏，再次单击则全部显示。

（2）图层缩略图：在"图层"面板中，图层名称的左侧"小方块图"是该图层的缩略图，它显示了该图层上的图像是什么样子，如果图层是透明的，那么缩略图会显示浅灰色"棋盘格子"。按住 Ctrl 键单击缩略图，可以选中该图层中有像素区域的选区。

（3）图层名称：图层缩略图右侧是该图层的名称。在 Photoshop 中打开一张图片，该图层名称就默认是这张图片的名称。如果想要修改图层名称，只需双击图层名称处即可重新命名。

技巧

按住 Tab 键可以继续重命名下一个图层，或者按 Shift＋Tab 组合键重命名上一个图层。图层组的重命名也是如此。

（4）设置图层混合模式：用来设置当前图层的混合模式。选择不同的混合模式后，当前图层和下面的图层会产生混合效果。图层的混合模式不限于图层，图层组也可以使用混合模式。

（5）设置不透明度：用来设置当前图层的不透明度。100％是不透明，0 是完全透明，根据情况调整 0～100％的数值。

（6）设置填充不透明度：用来设置当前图层的填充不透明度。"填充不透明度"和"设置不透明度"的相同点和区别：在该图层没有添加图层样式的情况下，两者都可以改变图层的不透明度，但如果该图层有图层样式，那么使用"填充不透明度"就不会改变图层样式的效果。如图 2-7 所示，绘制心形图案，再设置图层样式效果。图 2-8 所示为设置透明度 0 的效果，图 2-9 所示为设置填充 0 的效果（参考"素材\第 2 章\不透明度和填充.psd"源文件）。

　　图 2-7　心形图案　　　　　　　　　　　图 2-8　透明度为 0 的效果

4. 图层标记

　　标记图层是给比较重要的图层标上颜色作为记号，便于查找。可选择单个或多个图层，在"小眼睛"图标 👁 上右击，即可选择标记的颜色，如图 2-10 所示。

　　图 2-9　填充为 0 的效果　　　　　　　　图 2-10　添加图层标记

5. 图层层叠次序

　　用 Photoshop 制作的作品一般由多个图层组合而成，这些图层的层叠次序也决定了图像的效果。"图层"面板上最上方的图层为最高层，最下方的图层为最底层，上层的图像在不透明的情况下会遮盖住下层的图像。如图 2-11 所示，"石头"图层在"熊"图层上面，如果把"熊"图层放到"石头"图层上面，则为如图 2-12 所示效果（参考"素材\第 2 章\图层顺序.psd"源文件）。

2.1.2　图层操作

1. 图层移动

在 Photoshop 中选择并移动不同图层中对象的方法如下。

（1）使用移动工具，按住 Ctrl 键，再单击就可以选中文档窗口中不同图层中的对象并可以移动。

（2）单击"图层"面板上对象所在的图层，选中该图层，在文档窗口中使用移动工具移动该对象。

（3）要同时选中并移动多个图层中的对象，可在"图层"面板上使用 Shift 键选择连续

图 2-11　图层层叠顺序

图 2-12　图层位置调整后效果

的多个图层,或使用Ctrl键选择不连续的多个图层,然后使用移动工具在文档窗口中移动这些图层上的对象。

（4）选中移动工具,并右击对象,在弹出的快捷菜单中选择图层,如图 2-13 所示。

2. 图层对齐

在移动工具选项栏中,可以设置图层的对齐与分布,如图 2-14 所示。

1）对齐不同图层上的对象

（1）顶边:将选定图层上的顶端像素与所有选定图层上最顶端的像素对齐,或与选区边框的顶边对齐。

图 2-13　图层的选择

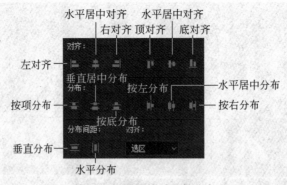

图 2-14　图层的对齐与分布

（2）垂直居中对齐：将每个选定图层上的垂直中心像素与所有选定图层的垂直中心像素对齐，或与选区边框的垂直中心对齐。

（3）底边：将选定图层上的底端像素与选定图层上最底端的像素对齐，或与选区边界的底边对齐。

（4）左边：将选定图层上左端像素与最左端图层的左端像素对齐，或与选区边界的左边对齐。

（5）水平居中对齐：将选定图层上的水平中心像素与所有选定图层的水平中心像素对齐，或与选区边界的水平中心对齐。

（6）右边：将链接图层上的右端像素与所有选定图层上的最右端像素对齐，或与选区边界的右边对齐。

2）均匀分布图层和组

（1）顶边：从每个图层的顶端像素开始，间隔均匀地分布图层。

（2）垂直居中对齐：从每个图层的垂直中心像素开始，间隔均匀地分布图层。

（3）底边：从每个图层的底端像素开始，间隔均匀地分布图层。

（4）左边：从每个图层的左端像素开始，间隔均匀地分布图层。

（5）水平居中对齐：从每个图层的水平中心开始，间隔均匀地分布图层。

（6）右边：从每个图层的右端像素开始，间隔均匀地分布图层。

（7）水平：在图层之间均匀分布水平间距。

（8）垂直：在图层之间均匀分布垂直间距。

【案例 2-1】 展板排版。通过图层的排列与对齐，使图层快速地排列整齐。

（1）新建（Ctrl＋N）文档，设置文档大小为 A4，方向为横版，分辨率为 300dpi，色彩模式为 RGB。

（2）置入"素材\第 2 章\艺术展\背景.jpg"素材图片文件，调整大小和位置，并设置透明度为 60％，如图 2-15 所示。

（3）置入"素材\第 2 章\艺术展\艺术展.png"和"艺术人生.png"素材图片文件，并调整大小和位置，如图 2-16 所示。

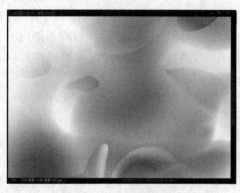

图 2-15 置入背景效果

图 2-16 置入素材文件

（4）分别置入 6 个素材文件"盘子画 n.jpg"，如图 2-17 所示。6 个图像都调整成相同大小，效果如图 2-18 所示。

（5）使用移动工具移动 6 个图像位置，大致如图 2-18 所示。

图 2-17 调整图像大小

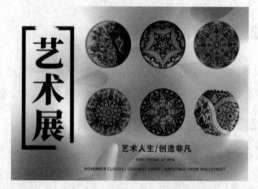

图 2-18 调整 6 个图像位置

（6）使用移动工具，选择最左边两个盘子左对齐，最右边两个盘子右对齐，选中上面三个盘子顶对齐，再垂直居中分布，选中下面三个盘子顶对齐，再垂直居中分布，效果如图 2-18 所示。

（7）使用文本工具，设置字体为"微软雅黑"，字体大小为 32 点，颜色为黑色，输入如图 2-19 所示文字。

（8）选择"文件"|"存储"命令或"存储为"命令，默认保存为"艺术展.psd"分层文件（参考"答案\第 2 章\案例 2-1-展板.psd"源文件）。

图 2-19 输入文字之后最终效果

3. 合并图层

在图像处理的过程中，经常需要把几个图层合并，以方便操作。

（1）合并图层：将多个图层合并为一个图层。在"图层"面板中选中一个图层，然后按住 Ctrl 键加选想要合并的图层,按 Ctrl+E 组合键合并所选择的图层。选中一个图层,按 Ctrl+E 组合键,所选择图层会与下一图层合并。(当下一图层为文本图层时,将不能向下合并,可以把文本图层"栅格化文字",或者把这两层选中,然后按 Ctrl+E 组合键同样可以合并两个图层)

(2) 合并可见图层:在"图层"菜单中选择"合并可见图层"命令(快捷键 Ctrl+Shift+E),可以将全部可见图层合并到背景图层中。

(3) 拼合图形:在"图层"菜单中选择"拼合图形"命令,可将全部图层合并到背景图层。如果有隐藏的图层,会弹出一个提示框,询问是否删除隐藏的图层。

(4) 盖印图层:选中多个图层,按 Ctrl+Alt+E 组合键,可以将选中图层内容合并到一个新的图层中,原图层内容保持不变。按 Ctrl+Alt+Shift+E 组合键,可将所有可见图层的内容合并到一个新的图层中,原图层内容保持不变。

🏆 技巧

按住 Ctrl 键单击"图层"面板上的缩览图,可将该图层中的图像载入选区,再按住 Ctrl+Alt+Shift 组合键单击另一图层,则选取两个图层上图像相交的区域。

2.2　绘画工具

Photoshop CC 拥有丰富的绘画资源,使用画笔工具组和橡皮擦工具组结合的多种图层混合模式、多彩的颜色提取和填充可以绘制出效果逼真的图像。

2.2.1　画笔绘图

1. 画笔工具

画笔工具是用来绘制图画的工具,画出的线条边缘比较柔和流畅,同时也是手绘时最常用的工具,可以用来上色、画线、绘制图案等。

画笔工具的快捷键是 B,选择画笔工具后,选项栏变成画笔工具选项栏,如图 2-20 所示。

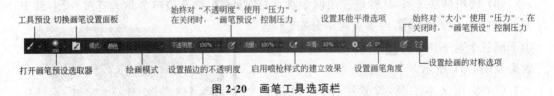

图 2-20　画笔工具选项栏

(1) 画笔预设选取器:单击笔触大小,弹出"画笔预设选取器",如图 2-21 所示。

大小:通过数值或者滑块来控制画笔笔尖的大小。在英语输入法状态下,[键为缩小笔尖大小,]键为增大笔尖大小。

硬度:数值越大,画笔边缘越清晰;数值越小,画笔边缘越模糊。当使用圆形画笔时硬度可以更改。

搜索画笔:按画笔名称搜索画笔。

画笔组:默认的有 4 个,即"常规画笔""干介质画笔""湿介质画笔"和"特殊效果画笔"。可以在画笔预设菜单中把"旧版画笔"画笔集追加到画笔中。

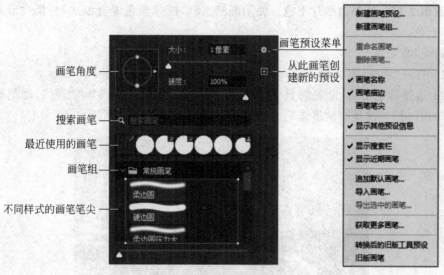

图 2-21　画笔预设选取器

笔尖形状：Photoshop 提供了许多不同形状的画笔笔尖，可以根据需要用它创造出不同风格的线条及形状，所以应根据绘制时的实际情况，合理选择笔尖。

（2）绘画模式：设置绘画的模式。

（3）不透明度：设置画笔绘制颜色的不透明度。

流量：当将鼠标移动到某个区域上方时，设置应用颜色的速率。

启用喷枪模式：单击该按钮，即启用喷枪功能。将渐变色调应用于图像，同时模拟传统的喷枪技术，软件会根据鼠标左键的单击程度确定画笔线条的填充数量。

平滑：用于设置所绘制线条的流畅程度，数值越大，线条越平滑。

角度：设置画笔笔尖的角度，圆形时没有效果。

对称：设置绘画的对称方式。软件提供了"垂直""水平""双轴""对角""波纹""圆形""螺旋线""平行线""径向""曼陀罗"等对称方式，绘制一边，另外一边自动绘制。图 2-22 所示为选择"曼陀罗"方式绘制一条线的效果。

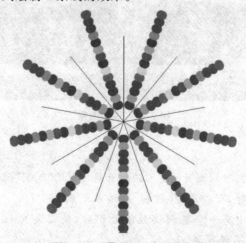

图 2-22　"曼陀罗"绘制效果

【案例 2-2】　给黑白照片上色。使用画笔工具,选择颜色混合模式,为黑白照片中的小汽车上色。

操作步骤如下。

(1) 打开"素材\第 2 章\车.jpg"素材图片文件,复制背景图层。

(2) 选择画笔工具,设置前景色为红色,背景色为白色,模式为"颜色",画笔硬度为50%,使用[键和]键及时调整画笔大小,绘制小汽车,如图 2-23 所示。

图 2-23　为黑白小汽车车身涂上红色

(3) 放大图片,发现有些地方不该上色,按 X 键,切换前景色为白色,用画笔把多余部分擦掉。按住 Alt 键滚动滑轮,及时调整画面大小,观看效果。如发现没有上色的地方,则按 X 键使前景色为红色再涂抹,最终效果如图 2-24 所示(参考"答案\第 2 章\案例 2-2-黑白照片上色.psd"源文件)。

图 2-24　最终效果

📌**技巧**

(1) 使用画笔工具时,可以随时通过右击打开简化型的"笔刷"面板,选择合适的笔刷。

(2) 使用画笔工具时,可以通过[键和]键缩放笔刷大小。

(3) 当"笔刷"面板中有一个笔刷被激活使用后,使用英文状态的,键和.键可以快速连续切换笔刷列表中的不同笔刷。

（4）使用画笔工具时，按住 Alt 键可以变为吸管工具，从画面上的任何地方（包括打开的其他文档中）吸取颜色为前景色，不需要为使用画面上已有的颜色而再多费时间重新调色。

（5）按住 Shift 键可以强制画笔在竖直和水平的直线方向上绘制。

（6）使用画笔工具在某处单击，按住 Shift 键，再在另一处单击，则笔刷在这两点之间绘制出直线。

（7）使用 Shift 键配合－键或＋键，可以依次切换笔刷的混合模式。

（8）使用绘画工具如画笔、铅笔等，按住 Shift 键单击，可将两次单击点以直线连接。

2. 自定义画笔

单击画笔工具选项栏中的"切换画笔面板"图标 ，或者按 F5 键，打开"画笔设置"面板，如图 2-25 所示。

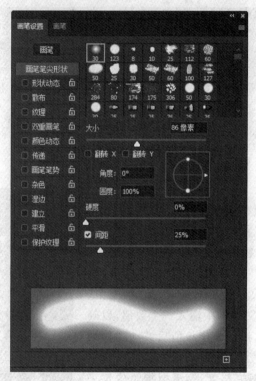

图 2-25　"画笔设置"面板

1）画笔笔尖形状

"画笔设置"面板默认的是设置画笔笔尖形状的界面，在这个界面中可以设置笔尖大小、硬度、角度、圆度、间距等。图 2-26 所示为设置不同硬度和间距的效果。

这里使用的笔尖是正圆形，可以通过设置圆度，变成椭圆。圆度是一个百分比，代表椭圆长短直径的比例，当为 100％时是正圆，为 0 时椭圆外形最扁平。角度就是椭圆的倾斜角，当圆度为 100％时角度就没有意义了，因为正圆无论怎样都是圆形。如图 2-27 所示，设置大小为 90 像素，角度为 50°，圆度为 20％，间距为 240％的效果。

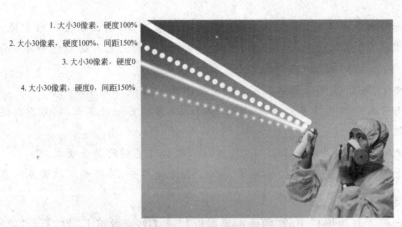

1. 大小30像素，硬度100%
2. 大小30像素，硬度100%，间距150%
3. 大小30像素，硬度0
4. 大小30像素，硬度0，间距150%

图 2-26　设置不同硬度和间距的效果

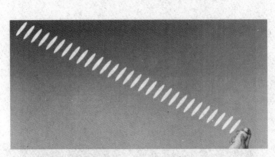

图 2-27　设置笔尖圆度和角度的效果

2）形状动态

图 2-28 所示为"形状动态"面板。

（1）大小抖动：此参数控制画笔在绘制过程中尺寸的波动幅度，百分数越大，波动的幅度也越大。在该选项下方的"控制"下拉菜单中，选择"关"选项，则在绘制过程中画笔尺寸始终波动；选择"渐隐"选项，则可以在其后面的文本框中输入一个数值，以确定尺寸波动的步长值，到达此步长值后波动随即结束；选择 Dial、"钢笔压力""钢笔斜度""光笔轮"选项时，则依据钢笔压力、钢笔斜度、钢笔拇指轮位置来改变初始直径和最小直径之间的画笔大小，这些需要使用数字化绘图板才能显示出效果。图 2-29 所示为设置不同控制选项、最小值的效果。

（2）角度抖动：用来设置画笔笔尖角度的变化效果。百分数越大，波动的幅度也越大，画笔显得越紊乱。

（3）圆度抖动：用来设置画笔笔尖圆度的变化效果。

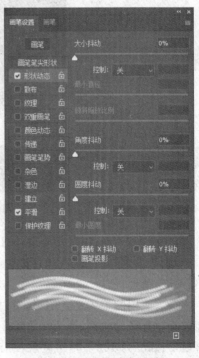

图 2-28　"形状动态"面板

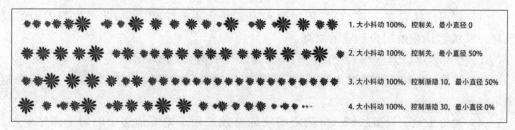

图 2-29　设置大小抖动效果

（4）最小圆度：此参数控制画笔笔迹在圆度发生波动时，画笔的最小圆度尺寸值。百分数越大，发生波动的范围越小，波动的幅度也会相应变小。

3）散布

用来设置画笔散布的数量和位置，图 2-30 所示为"散布"选项。

（1）散布：此参数控制画笔笔画的偏离程度，百分数越大，偏离程度越大。

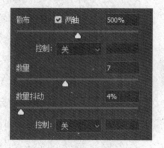

（2）两轴：勾选此复选框，画笔点在 X 轴和 Y 轴两个轴向上发生分散；如果不勾选此复选框，则只在 X 轴向上发生分散。

（3）数量：此参数控制画笔笔迹的数量。数值越大，画笔笔迹越多。

（4）数量抖动：此参数控制在绘制的笔画中画笔笔迹数量的波动幅度。百分数越大，画笔笔迹数量的波动幅度越大。

图 2-30　"散布"选项

如图 2-31 所示，笔尖选择"杜鹃花"，设置大小为 90 像素，间距为 360%，大小抖动为 100%，散布为 500%，数量为 7，数量抖动为 4% 的效果。

4）纹理

设置画笔笔触的纹理效果，调整前景色可以改变纹理效果。图 2-32 所示为"纹理"选项。

图 2-31　设置散布效果

图 2-32　"纹理"选项

（1）纹理选择列表：在"纹理"下拉列表中选择合适的纹理效果，此下拉列表中的纹理均为系统默认或由用户创建的纹理。

（2）反相：可以基于图案中的色调来反转纹理中的亮点和暗点。

（3）缩放：拖动滑块或输入数值，定义所使用的纹理的缩放比例，数值越小，纹理越密集。

（4）为每个笔尖设置纹理：将选定的纹理单独应用于画笔描边中的每个画笔笔触，而不是作为整体应用于画笔描边。如果取消勾选此复选框，下面的"深度抖动"也会不可用。

（5）模式：在此可从预设的模式中选择其中的某一种，作为纹理与画笔的混合模式。

（6）深度：此参数用于设置所使用的纹理显示时的浓度。数值越大，则纹理显示的效果越好，反之纹理效果越不明显。

（7）最小深度：设置油彩可渗入纹理的最小深度。

（8）深度抖动：用来设置纹理抖动的最大百分比。

【案例 2-3】 制作喷雾效果。使用画笔设置做出喷雾效果。

操作步骤如下。

（1）打开"素材\第 2 章\喷雾.jpg"素材图片文件，并将其另存为"喷雾.psd"。

（2）按 F5 键，打开"画笔设置"面板，设置前景色为白色，画笔笔尖形状"大小"为 110 像素，"间距"为 65%，如图 2-33 所示。

（3）设置形状动态，大小抖动为 100%，"控制"为渐隐，数值为 5，"最小直径"为 46%，"角度抖动"为 30%，勾选"画笔投影"复选框，如图 2-34 所示。

图 2-33　设置画笔笔尖形状

图 2-34　设置形状动态

（4）设置散布，勾选"两轴"复选框，设置"散布"为 1 000%，"控制"为渐隐，数值为 34，"数量"为 11，"数量抖动"为 4%，如图 2-35 所示。

（5）设置纹理，选择"图案"拾色器中的"水"，设置"缩放"为 24%，"亮度"为 −40，"对比度"为 25，"模式"为"正片叠底"，如图 2-36 所示。

（6）先在图中左上角单击一下，按住 Shift 键再单击喷口处，最终效果如图 2-37 所示。

图 2-35　设置散布

图 2-36　设置纹理

（7）保存文件（参考"答案\第 2 章\案例 2-3-喷雾.psd"源文件）。

5）双重画笔

　　"双重画笔"选项与"纹理"选项的原理基本相同，只是前者是画笔与画笔之间的混合，而后者是画笔与纹理之间的混合。在"画笔设置"面板中选择"双重画笔"选项，如图 2-38 所示。

图 2-37　最终效果

图 2-38　"双重画笔"选项

（1）模式：用来设置主要画笔和双重画笔之间的混合模式。

（2）翻转：随机画笔翻转效果。

（3）大小：用来设置叠加画笔的大小。

（4）间距：用来设置叠加画笔的间距。

（5）散布：用来设置叠加画笔的分布样式。

6）颜色动态

"颜色动态"用于设置颜色的色相、饱和度、亮度和纯度,使画笔的颜色更丰富,如图 2-39 所示。

（1）前景/背景抖动：用于控制画笔的颜色变化方式。数值越大,则越接近于背景色;反之,则越接近于前景色。图 2-40 所示为前景/背景抖动分别为 0、20%、80%、100% 时的效果。

图 2-39　"颜色动态"选项　　　　　　图 2-40　不同"前景/背景抖动"的效果

（2）色相抖动/饱和度抖动/亮度抖动：这些参数用于控制画笔的色相/饱和度/亮度的随机效果。数值越大,则越接近于背景色色相/饱和度/亮度;反之,则越接近于前景色色相/饱和度/亮度。

（3）纯度：此参数控制画笔颜色的纯度。

7）传递

"传递"选项如图 2-41 所示。

（1）不透明度抖动：此参数控制画笔的随机不透明效果,如图 2-42 所示是"不透明度抖动"为 100%。

（2）流量抖动：用来设置画笔中油彩流量的变化程度,如图 2-43 所示是"流量抖动"为 100%。

（3）湿度抖动：用来设置画笔中油彩湿度的变化程度。

（4）混合抖动：用来设置画笔中油彩混合的变化程度。

"湿度抖动"和"混合抖动"在选择"混合画笔工具"时才能应用。

8）画笔笔势

画笔笔势用来控制画笔笔尖随鼠标指针走势改变而改变。画笔笔势是针对特定的笔刷进行设置的选项。

图 2-41　"传递"选项

在画笔预设菜单中选择"旧版画笔"选项,系统提示"是否要将'旧版画笔'画笔集恢复为'画笔预设'列表?",单击"确定"按钮,即可把旧版本的画笔组添加到画笔中,然后在"旧版画笔"列表中"默认画笔"组中找到"圆钝形中等硬"选项,如图 2-44 所示,即可使用"画笔笔势"。

图 2-42 不透明度抖动

图 2-43 流量抖动

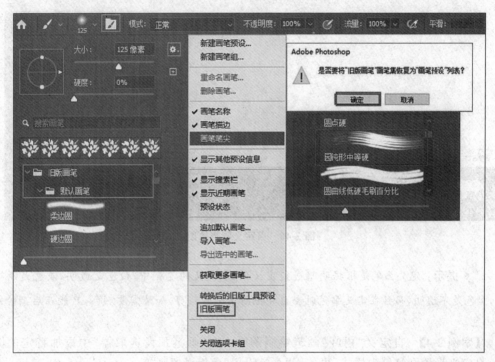

图 2-44 导入旧版画笔

图 2-45 所示为"画笔笔势"选项。

(1) 倾斜 X/倾斜 Y：使笔尖沿 X 轴或 Y 轴倾斜。

(2) 旋转：设置笔尖旋转效果。

(3) 压力：压力数值越高，绘制速度越快，线条效果越粗犷。

9）其他选项

(1) 杂色：为个别画笔笔尖增加额外的随机性。

(2) 湿边：沿画笔描边的边缘增大油彩量，可以创建出水彩效果。

(3) 建立：将渐变色调应用于图像，同时模拟传统的喷枪

图 2-45 "画笔笔势"选项

技术，根据鼠标按键的单击程度确认画笔线条的填充数量。

(4) 平滑：在画笔描边中生成更平滑的曲线。

(5) 保护纹理：将相同图案和缩放比例应用于具有纹理的所有画笔预设。勾选该复

选框,在使用多个纹理画笔笔尖绘画时,可以模拟出一致的画布纹理。

3. 定义画笔预设

软件自带了很多画笔样式,网上也可以下载很多画笔样式,但是有些还不是设计师需要的,这时就可以制作画笔样式。

提前制作好图案,选择"编辑"|"定义画笔预设"命令,弹出"画笔名称"对话框。设置名称,可以在"画笔预设选取器"中选择,如图 2-46 所示。

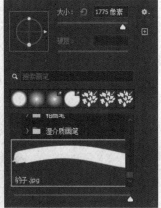

图 2-46　自定义画笔绘图

提示:定义画笔是根据明暗进行定义的,在定义的笔刷中,白色是透明,灰色是半透明,黑色是不透明,而且在定义画笔时会自动把图案进行裁剪,如果需要颜色,只能在后期绘制时上色。

【案例 2-4】　自定义"树叶"画笔绘制落叶。向"画笔预设选取器"中添加特定的图案,自定义设置画笔笔尖样式,再使用"画笔设置"面板设置画笔。

操作步骤如下。

(1) 打开"素材\第 1 章\树叶.jpg",使用"对象选择工具"和"快速选择工具"选择一片叶子,如图 2-47 所示。

图 2-47　选择叶子

(2) 选择"图像"|"调整"|"去色"命令(Ctrl+Shift+U)对叶子去色,然后选择"图像"|"调整"|"反相"命令(Ctrl+I)使叶子的主体变成黑灰色,如图 2-48 所示。

图 2-48　图像反相效果

（3）选择"图像"|"调整"|"色阶"命令（Ctrl＋L），将黑色滑块往左移动，使叶子的黑色部分更清楚，但同时要保留叶子的叶脉，如图 2-49 所示。

图 2-49　图像色阶调整

（4）选择"编辑"|"定义画笔预设"命令，打开"画笔名称"对话框，并在该对话框中输入名称为"叶子"，如图 2-50 所示。

图 2-50　画笔名称更名为"叶子"

（5）打开"素材\第 2 章\男孩 1.jpg"，使用"对象选择工具"和"快速选择工具"选择男孩，如图 2-51 所示。按 Ctrl＋C 组合键复制男孩，打开"素材\第 2 章\秋天.jpg"，把男孩粘贴（Ctrl＋V）进来，按 Ctrl＋T 组合键调整位置和大小，如图 2-52 所示。

（6）选择工具栏中的画笔工具，或者按 F5 键打开"画笔设置"面板，在"画笔设置"面板中可以看到前面制作的叶子笔刷已经在画笔中。在"画笔笔尖形状"选项中设置"大小"为 230 像素，"间距"为 250％；在"形状动态"选项中设置"大小抖动"为 60％，"角度抖动"为 100％，"圆度抖动"为 100％，如图 2-53 所示。

图 2-51　选择男孩

图 2-52　添加男孩效果

（7）在"散布"选项中设置"散布"为 700％，在"纹理"选项中添加"草"纹理，如图 2-54 所示。设置"缩放"为 50％，"模式"为"正片叠底"，深度为 20％，如图 2-55 所示。

图 2-53　画笔设置

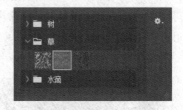

图 2-54　画笔纹理草

（8）设置前景色为 #ff7e00，背景色为 #d0b000，在"颜色动态"选项中设置"前景\背景抖动"为 100％，"纯度"为 100％，在画面中画两笔，就可以做出落叶效果，如图 2-56 所示。

（9）保存文件。选择"文件"|"存储"命令或"存储为"命令，默认保存为"落叶.psd"分层文件（参考"答案\第 2 章\案例 2-4-落叶.psd"源文件）。

4. 混合器画笔工具

"混合器画笔工具"是较为专业的绘画工具，可以轻松模拟绘画的笔触感，并且可以混合画布颜色和使用不同的绘画湿度，以便绘制出更为细腻的效果图。

图 2-55 散布设置

图 2-56 背景抖动设置

图 2-57 为"混合器画笔工具"选项栏。

图 2-57 混合器画笔工具选项栏

当前画笔载入：单击右侧三角,可以载入画笔、清理画笔、只载入纯色。

每次描边后载入画笔/每次描边后清理画笔："每次描边后载入画笔"和"每次描边后清理画笔"两个按钮控制了每一笔涂抹结束后对画笔是否更新和清理,类似于画家在绘画时一笔过后是否将画笔在水中清洗。

有用的画笔组合：为用户提供多种提前设定的画笔组合类型,包括干燥、湿润、潮湿和非常潮湿等。在"有用的混合画笔组合"下拉菜单中预先设置了混合画笔,当用户选择某一种混合画笔时,右侧的 4 个选择数值会自动改变为预设值。

干燥和湿润两种绘画的区别：画笔沾了水之后,越湿的笔头,画在画布上的颜色就会化得越开。

潮湿：设置从画布拾取的油彩量。就像是给颜料加水,设置的值越大,画在画布上的色彩越淡。

载入：设置画笔上的油彩量。

混合：用于设置 Photoshop 多种颜色的混合。当"潮湿"为 0 时,该选项不能用;混合值越高,画笔原来的颜色就会越浅,从画布上取得的颜色就会越深。

流量：控制混合画笔的流量大小。

启用喷枪模式：当画笔在一个固定的位置一直描绘时,画笔会像喷枪那样一直喷出颜色。如果不启用这个模式,则画笔只描绘一下就停止流出颜色。

设置画笔为"原型素描圆珠笔",选择"混合画笔组合"选项中的"非常潮湿,深混合",如图 2-58 所示,在图中涂抹,产生如图 2-59 所示效果("答案\第 2 章\混合画笔.psd"源文件)。

图 2-58 "混合器画笔工具"参数设置

(a) 原图　　　　　　　　　　(b) 混合画笔绘制效果

图 2-59 原图和混合画笔绘制效果

2.2.2　橡皮擦的应用

橡皮擦包括 3 种工具,即橡皮擦工具、背景橡皮擦工具、魔术橡皮擦工具。

1. 橡皮擦工具

橡皮擦工具可将像素更改为背景色或透明。如果在背景中或已锁定透明像素的图层中单击并拖动,则光标擦过的地方像素将抹成背景色。如果在图层中单击并拖动,则光标擦过的地方像素将抹成透明。单击工具箱中的橡皮擦工具,其工具选项栏如图 2-60 所示。

图 2-60 橡皮擦工具选项栏

(1) 如果在背景或已锁定透明度的图层中进行抹除,应先在工具箱中设置要应用的背景色。

(2) 橡皮擦有 3 种模式。"画笔"和"铅笔"模式可将橡皮擦设置为如同画笔和铅笔工具一样工作,"画笔"模式可以在选项栏中设置"不透明度"和"流量";"铅笔"模式不提供用于更改流量的选项。"块"模式是指具有硬边缘和固定大小的方形,不提供用于更改"不透明度"或"流量"的选项。

(3) 与"橡皮擦工具"相配合的功能键如下。

① 按住 Shift 键进行擦除,系统将强迫"橡皮擦工具"以直线方式擦除。

② 按住 Ctrl 键,可以暂时将橡皮擦工具切换成移动工具。

③ 要在三种橡皮擦工具之间快速切换,可按住 Alt 键单击橡皮擦工具;也可以按 Shift＋E 组合键。

2. 背景橡皮擦工具

背景橡皮擦工具可用于在拖移时将图层上的像素抹成透明,从而可以在抹除背景的同时在前景中保留对象的边缘。通过指定不同的取样和容差选项,可以控制透明度的范围和边界的锐化程度。用背景橡皮擦工具在背景中拖动鼠标,则将背景转换为图层并擦除背景像素改为透明。

背景橡皮擦工具指针是一个带有表示工具热点的圆圈形画笔⊕,画笔中心称为热点。当拖动指针时,圆圈内的像素以及同热点下的具有相似颜色值的像素将会被抹除。

背景橡皮擦工具选项栏如图 2-61 所示。

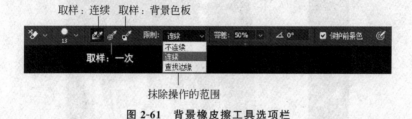

图 2-61 背景橡皮擦工具选项栏

(1) 背景橡皮擦工具有以下 3 种取样方式。

① 连续:"十"字光标中心不断地移动,将会对取样点不断地更改,此时擦除的效果比较连续。

② 一次:单击,对"十"字光标中心的颜色取样,此时拖动,可以对该取样的颜色进行擦除,而不会擦除其他颜色。如果要对其他颜色取样,只要重复上面的操作即可。

③ 背景色板:"十"字光标此时就没有作用了,背景橡皮擦工具只对背景色及容差相近的颜色进行擦除。

(2) 背景橡皮擦工具抹除操作的范围有以下 3 种。

① 不连续:抹除出现在画笔下任何位置的样本颜色。

② 连续:抹除包含样本颜色且相互连接的区域。

③ 查找边缘:抹除包含样本颜色的连接区域,同时更好地保留形状边缘的锐化程度。

(3) 容差:定义可擦除的颜色范围。低容差仅限于抹除与样本颜色非常相似的区域,高容差用于抹除范围更广的颜色。

(4) 保护前景色:可防止抹除与工具箱中的前景色匹配的颜色。

【案例 2-5】 使用背景橡皮擦工具抠图。对主体物与背景反差比较大而又相对精细的对象,可以使用背景橡皮擦工具去除背景。有时使用魔棒工具或钢笔工具,但是对于本例中发梢的抠取,魔棒工具或钢笔工具就不能很好地表现出来。

操作步骤如下。

(1) 打开"素材\第 2 章\头发.jpg"素材图片文件,在工具箱中选择背景橡皮擦工具,如图 2-62 所示。

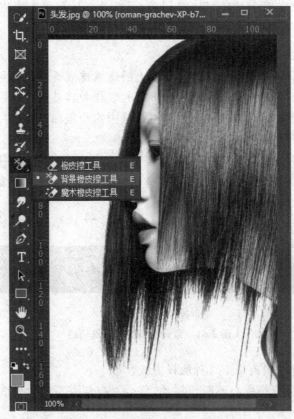

图 2-62　打开素材图片和背景橡皮擦工具

（2）按 Ctrl+J 组合键复制背景图层，在背景橡皮擦工具选项栏中选择合适的笔尖大小，设置取样方式为"一次"，"限制"为"不连续"，"容差"为 50%，接着在人物头发边沿处单击（注意："十"字光标的中心即热点要在白色背景上）并拖动，在头发边沿和发梢处擦拭，白色背景即可被擦除，如图 2-63 所示。因为取样的背景色是白色，所以只擦除白色背景，不会影响红色的头发。皮肤上也有白色，擦到皮肤上，会使皮肤变成半透明，所以画笔不能接触到皮肤上。

（3）对于远离头发的白色背景，可以把画笔直径设置大一点进行擦拭，也可以使用橡皮擦工具擦出透明背景，如图 2-64 所示。

（4）为了观察擦除效果，置入"素材\第 2 章\草原.jpg"图片文件，调整大小使其与画面一致，并把"草原"图层放置在"背景 拷贝"图层的下方，如图 2-65 所示。

（5）添加背景后，很容易看到未擦干净的痕迹，再选择"背景 拷贝"图层，使用"背景橡皮擦工具"或者"橡皮擦工具"重复擦拭几次，擦除白色。

（6）保存文件。存储为"背景橡皮擦.psd"分层文件和"背景橡皮擦.jpg"图像文件（参考"答案\第 2 章\案例 2-5-背景橡皮擦抠图.psd"源文件）。

图 2-63　第一次取样擦除白色背景　　　　　　　图 2-64　擦除全部白色背景

图 2-65　置入素材效果

3. 魔术橡皮擦工具

对于背景颜色比较相似的照片,可以选用魔术橡皮擦工具。用魔术橡皮擦工具在背景中单击,则将背景转换为"图层 0"并将所有相似的像素抹除为透明。如果在图层中单击,该工具会将所有相似的像素抹除为透明。如果在已锁定透明度的图层中单击,单击处相似的像素将更改为背景色。

魔棒工具和魔术橡皮擦工具的相同点是都选择相似颜色,但是魔术橡皮擦工具可以把选择的图像擦除,而魔棒工具只能建立选区。

魔术橡皮擦工具选项栏如图 2-66 所示。

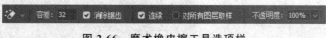

图 2-66　魔术橡皮擦工具选项栏

(1) 消除锯齿:可使抹除区域边缘平滑。

(2) 连续:只抹除与单击处像素连续的像素,取消勾选则抹除图像中所有相似像素。

（3）对所有图层取样：可利用所有可见图层中的组合数据来采集抹除色样。

（4）不透明度：定义抹除强度。100％ 的不透明度将完全抹除像素，较低的不透明度将部分抹除像素。

2.3　形状工具

在 Photoshop 中绘图经常要创建矢量形状和路径。

矢量形状是使用形状工具或钢笔工具绘制的直线和曲线。矢量形状与分辨率无关。因此，它们在调整大小、打印输出、存储为 PDF 文件或导入基于矢量的图形应用程序时，会保持清晰的边缘。

路径是可以转换为选区或者使用颜色填充和描边的轮廓。形状的轮廓是路径。通过编辑路径上的锚点，可以很方便地改变路径的形状。工作路径是出现在"路径"面板中的临时路径，用于定义形状的轮廓。

2.3.1　形状工具简介

1. 类型

在工具箱中的矩形工具按钮 ▤ 上按下鼠标左键并稍停留片刻，会打开一组形状工具，如图 2-67 所示。

2. 工具模式

使用形状工具时，可以使用 3 种不同的模式进行绘制。在选定某种形状工具时，可通过选择工具选项栏中的相应选项来选取一种模式。

1）形状

形状模式下有填充、描边、形状大小设置和对形状路径的一系列操作。描边不但可以选择颜色，还可以选择实线或多种类型的虚线。

使用形状模式绘图，在"图层"面板上自动生成形状图层，在"路径"面板上形成相应的形状路径。如图 2-68 所示，在白色背景上绘制虚线描边的自定义形状时，"图层"面板上形成"独木舟 1"，"路径"面板上形成"独木舟 1 形状路径"。

图 2-67　形状工具

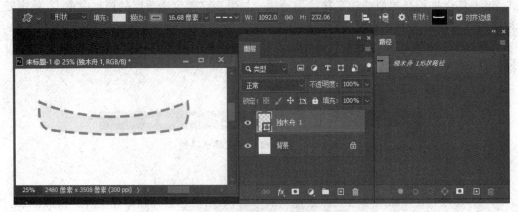

图 2-68　形状图层及"路径"面板

形状工具选项栏如图 2-69 所示。

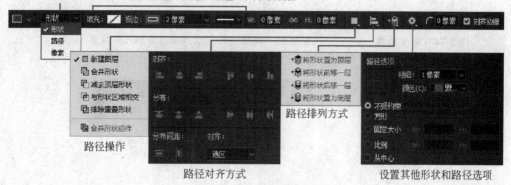

图 2-69　形状工具选项栏

（1）填充\描边颜色：单击"填充"或"描边"，可以选择类型，分为无填充\描边、用纯色填充\描边、用渐变填充\描边■、用图案填充\描边▦4 种，如图 2-70 所示。用纯色填充\描边，可以单击▦图标，或者单击"打开拾色器"按钮都可以选择纯色。

（2）描边选项如图 2-71 所示。

图 2-70　填充\描边的类型

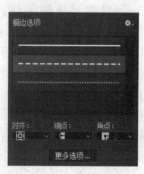

图 2-71　描边选项

① 对齐：以路径为边界，分为三种类型，如图 2-72 所示。第一种为居内，第二种为居中，第三种为居外，其效果如图 2-73 所示。

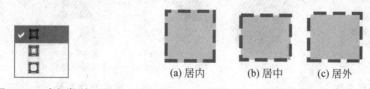

图 2-72　对齐类型　　　　　图 2-73　对齐效果

② 端点：也有三种，如图 2-74 所示。两端的路径锚点和描边端点的关系如图 2-75 所示。

③ 角点：也是三种，如图 2-76 所示。第一种为直角，第二种为圆角，第三种为斜角，其效果如图 2-77 所示。

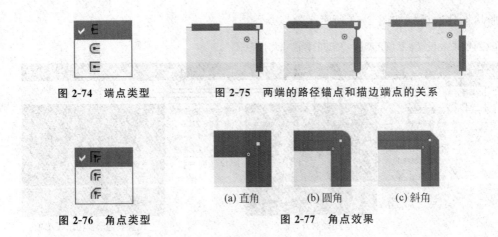

图 2-74　端点类型　　　　图 2-75　两端的路径锚点和描边端点的关系

图 2-76　角点类型　　　　(a) 直角　　　(b) 圆角　　　(c) 斜角

图 2-77　角点效果

在更多选项中，勾选"虚线"复选框，并在下方输入参数，结合"对齐""端点""角点"选项可以设置出多种虚线效果，如图 2-78 所示。

（3）设置形状宽度：用 W: 设置宽度，用 H: 设置高度，如果单击 ⚭ 图标可以锁定宽高比，修改其中一个参数，另外一个参数也相应变化。

（4）路径操作：共有 6 个选项，即"新建图层""合并形状组件""合并形状""减去顶层形状""与形状区域相交""排除重叠形状"，如图 2-79 所示。"新建图层"是直接绘制形状并另外新建一个图层；"合并形状"是把所有同一个图层中经过运算的形状合并成新的路径形状；"减去顶层形状"是利用顶层形

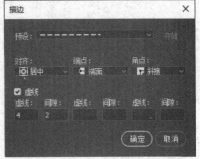

图 2-78　更多设置

状减去下方形状；"与形状区域相交"是保留形状重叠的区域；"排除重叠形状"是重叠区域为空，如图 2-80 所示。

在绘制的过程中按住 Alt 键是减去，按住 Shift 键是相加，按住 ALt＋Shift 组合键是相交。

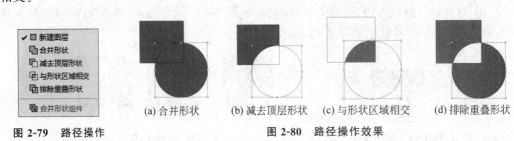

图 2-79　路径操作　　　(a) 合并形状　(b) 减去顶层形状　(c) 与形状区域相交　(d) 排除重叠形状

图 2-80　路径操作效果

（5）路径对齐方式：形状的对齐是在同一图层中的多个形状对齐，而不是图层的对齐，如果是多个图层，按住 Ctrl＋E 组合键全选并合并图层。

（6）路径排列方式：可以使用路径选择工具 ▶ 移动形状图层，完成上一层、下一层、顶层或者底层等操作，这与减去顶层形状有直接的关系，顶层变了会导致图形绘制不

成功。

（7）设置其他形状和路径选项：选择不同的形状工具将会更改选项栏中的可用选项，要访问这些形状工具选项，可单击"形状"选项栏中的"设置"按钮 。

① 直线工具选项：直线工具的选项设置如图 2-81 所示。

箭头的起点和终点：向直线中添加箭头。选择"直线工具"，然后选择"起点"选项，即可在直线的起点添加一个箭头；选择"终点"选项即可在直线的末尾添加一个箭头；同时选择这两个选项可在直线两端添加箭头。还可以设置箭头的"宽度"和"长度"值，以及使用"凹度"值定义箭头最宽处（箭头和直线在此相接）的曲率。

② 其他工具选项如下。

不受约束：允许通过拖动设置矩形、圆角矩形、椭圆或自定形状的宽度和高度。

图 2-81　"直线工具"选项的设置

固定大小：根据在"宽度"和"高度"文本框中输入的值，将矩形、圆角矩形、椭圆或自定形状绘制固定大小的形状。

从中心：从中心开始绘制矩形、圆角矩形、椭圆或自定形状。

对齐边缘：将矢量形状边缘与网格对齐。

2）路径

如图 2-82 所示为路径工具选项栏。

图 2-82　路径工具选项栏

当选择"选区"选项时，弹出如图 2-83 所示的对话框。设置羽化半径，单击"确定"按钮，在当前图层上出现选区，如图 2-84 所示。

图 2-83　"建立选区"对话框

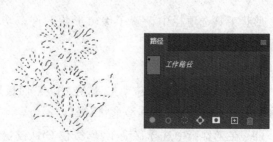

图 2-84　创建选区

当选择"蒙版"选项时，会为当前图层创建蒙版，并在"路径"面板中出现一个工作路径和一个矢量蒙版路径，如图 2-85 所示。

当选择"形状"选项时，会创建一个新的形状图层，并在"路径"面板中出现一个工作路径和一个形状路径，如图 2-86 所示。

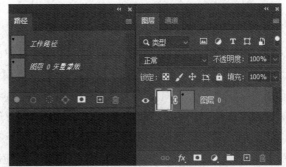

图 2-85　添加蒙版效果

图 2-86　添加形状效果

3）像素

直接在普通图层上绘制，与绘画工具的功能非常类似。在此模式中工作时，创建的是栅格图像，而不是矢量图形，可以像处理任何栅格图像一样来处理绘制的形状。如图 2-87 所示为创建像素效果。

2.3.2　编辑形状

形状工具选项栏中设置了编辑形状的许多功能，可以很容易地编辑形状。

1. 形状的移动

（1）在工具箱中选择移动工具，在"图层"面板上选中要移动的形状图层，在文档窗口移动形状对象。

图 2-87　创建像素效果

（2）在工具箱中选择移动工具，按住 Ctrl 键，在文档窗口移动形状对象。

（3）在工具箱中选择路径选择工具，在文档窗口单击要移动的形状对象，并移动形状对象。

2. 形状的修改

（1）在工具箱中选择直接选择工具，在文档窗口单击形状对象的路径（轮廓）调节手柄，可以改变形状对象的形状。图 2-88 为改变圆的形状，如图 2-89 所示为增加锚点后改

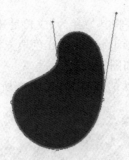

图 2-88　改变圆的形状

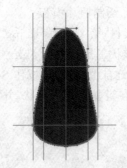

图 2-89　增加锚点后改变的形状

变的形状。

（2）在工具箱中选择钢笔工具组中添加锚点工具和删除锚点工具，并使用直接选择工具更改形状对象的路径。

3. 形状的图层样式

在"图层"面板上单击"添加图层样式"按钮 fx，选择"斜面和浮雕"和"颜色叠加"绘制的"按钮"效果，如图 2-90 所示。

(a) 原图　　　　　　　　　(b) 添加图层样式效果

图 2-90　原图和添加图层样式效果

4. 形状合并

绘制形状时，在"图层"面板上分别建立不同形状的独立图层，要合并多个形状到一个图层上，在"图层"面板上，按住 Shift 键的同时选择连续的多个形状图层，然后右击，在弹出的快捷菜单中选择"合并形状"命令，得到合并的形状，如图 2-91 所示。合并后的形状会以原来最上层形状的名称命名并填充最上层形状的颜色。

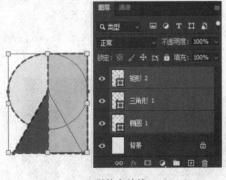

(a) 形状合并前

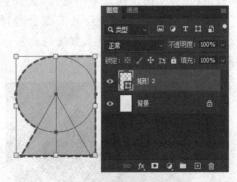

(b) 形状合并后

图 2-91　形状合并前后的效果

【案例 2-6】　绘制照片模板。

（1）打开"素材\第 2 章\背景.jpg"素材图片文件，并将其另存为"成长足迹.psd"。

（2）使用"形状工具"，按住 Shift 键绘制一个正方形形状，设置红色填充，无描边，按住 Ctrl＋T 组合键自由变换，再按住 Shift 键旋转 45°，如图 2-92 所示。

（3）按住 Alt 键复制几个形状，并调整其中一个形状的大小，如图 2-93 所示。

图 2-92　新建正方形形状

图 2-93　复制形状

（4）使用矩形工具绘制一个红色矩形，并按住 Shift 键旋转 45°，放到页面左上角，如图 2-94 所示。

（5）使用三角形工具绘制一个红色三角形，并按住 Shift 键旋转 45°，放到页面右上角，如图 2-95 所示。

图 2-94　创建矩形形状

图 2-95　创建三角形形状

（6）置入"素材\第 2 章\男孩.jpg"素材图片文件，把"男孩"图层放到"矩形 1"图层之上，右击，在弹出的快捷菜单中选择"创建剪贴蒙版"命令，或者按住 Alt 键单击"矩形 1"和"男孩"图层中间，按住 Ctrl＋T 组合键调整大小和位置，如图 2-96 所示。

（7）可以导入其他图片，方法与上一步相同。如图 2-97 所示为导入效果，图层顺序如图 2-98 所示。

图 2-96　置入照片效果

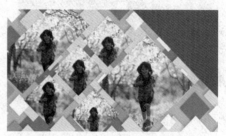
图 2-97　导入其他照片效果

（8）给"矩形 1"图层添加"图层样式"，设置"描边"参数，"大小"为 30 像素，"位置"为外部，如图 2-99 所示；设置"投影"参数，"不透明度"为 35％，"角度"为 90 度，"距离"为 40 像素，扩展为 40％，大小为 100 像素，如图 2-100 所示。单击"确定"按钮，确认添加图层样式。

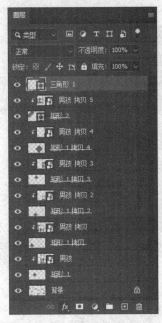

图 2-98　图层顺序

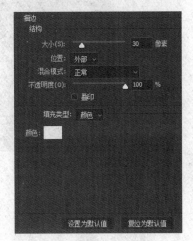

图 2-99　"描边"参数

（9）按住 Alt 键，拖动"效果"到其他矩形形状图层，如图 2-101 所示。

图 2-100　"投影"参数

图 2-101　复制图层样式效果

（10）置入"素材\第 2 章\成长的足迹.png"素材图片文件，把"成长的足迹"图层放到"三角形 1"图层之上，按住 Alt 键单击两个图层中间，创建剪贴蒙版；按住 Ctrl＋T 组合键调整大小和位置，效果如图 2-102 所示。最终效果如图 2-103 所示（参考"答案\第 2 章\案例 2-6-照片模板.psd"源文件）。

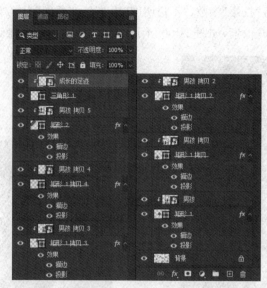

图 2-102　图层效果复制

图 2-103　最终效果

2.3.3　使用自定形状工具绘制图形

在工具箱中选择自定形状工具 ，其选项栏如图 2-104 所示。

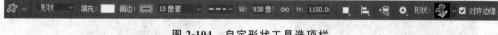

图 2-104　自定形状工具选项栏

在 Photoshop CC 的"形状"面板中，默认有"有叶子的树""野生动物""小船"和"花卉"，如图 2-105 所示。但是，以前版本中经典的常用的形状没有了，这些需要在"形状"面板中选择"旧版本形状及其他"选项，如图 2-106 所示，把旧版本中的形状加到"形状"面板中，如图 2-107 所示。

图 2-105 "形状"面板

图 2-106 导入形状

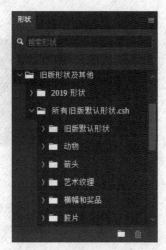
图 2-107 旧版本形状导入

2.4 钢笔工具

钢笔工具属于矢量绘图工具,其优点是可以绘制平滑的曲线,并且在缩放或变形之后仍能保持平滑效果。钢笔工具绘制出来的矢量图形称为路径,路径是矢量的,允许是不封闭的开放路径,如果把起点与终点重合绘制就可以得到封闭的路径。

2.4.1 路径

1. 路径的概念

路径是 Photoshop 中一段闭合或者开放的曲线段,它主要用于确定图像选择区域及辅助抠图,绘制光滑线条或特殊形状,定义画笔等工具的绘制轨迹等。

Photoshop 中提供了用于生成、编辑、设置"路径"的工具组,它们是钢笔工具组和形状工具组。用钢笔工具在图层上单击一下就产生一个锚点,一个或多个锚点组成路径。它可以是一个点、一条直线、一条封闭或者开放曲线。路径可以被描边、填充、移动、复制或转换为选区,也可以存储并输出到其他程序中。

2. "路径"面板

通过"路径"面板创建新路径或工作路径,并对所创建的路径进行编辑,如图 2-108 所示,给出了操作路径的快捷按钮。单击"路径"面板右上方的小三角按钮,打开"路径"下拉菜单,也可以对路径进行编辑,如图 2-109 所示。

(1) 用前景色填充路径:会用前景色填充路径内区域。

(2) 用画笔描边路径:按设置的画笔工具沿着路径进行描边。

(3) 将路径作为选区载入:将当前路径转换为选区范围。

(4) 从选区生成工作路径:将当前选区范围转换为工作路径。

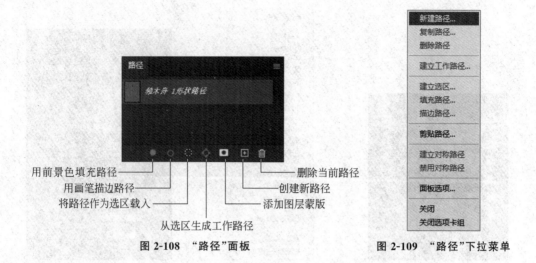

图 2-108 "路径"面板　　　　　　　　　图 2-109 "路径"下拉菜单

（5）添加图层蒙版：为当前图层添加图层蒙版。

（6）创建新路径：创建一个新路径，或者复制一个新路径。

（7）删除当前路径：在"路径"面板中删除当前选定的路径。

3. 绘制路径的方法

（1）在矢量图形工具选项栏中选择"路径"绘图模式，如图 2-110 所示。在"路径"面板上单击"创建新路径"按钮，创建一个路径层，然后在文档窗口中绘制矢量形状，得到形状路径。

图 2-110 矢量图形工具的"路径"绘图模式

（2）在钢笔工具选项栏中选择"路径"绘图模式，如图 2-111 所示。在"路径"面板上单击"创建新路径"按钮，创建一个路径层，然后在文档窗口中绘制形状轮廓，得到形状路径。

图 2-111 钢笔工具选项栏的"路径"绘图模式

（3）使用选框工具绘制选区，在"路径"面板中单击"从选区生成工作路径"按钮，得到工作路径，如图 2-112 所示。将工作路径拖至"创建新路径"按钮上，将工作路径转换为路径，如图 2-113 所示。

图 2-112　"从选区生成工作路径"按钮

图 2-113　"创建新路径"按钮

4. 工作路径

工作路径是临时路径,用于定义形状的轮廓,不是图像的一部分。在"路径"面板上只有一个工作路径,但可以通过"路径"面板上"创建新路径"按钮生成多个路径层。

使用钢笔工具组或形状工具组绘图时,如果没有先在"路径"面板上"创建新路径"就直接在文档窗口中绘图,则在"路径"面板上创建的是工作路径。

从选区创建的是工作路径,如果要保存工作路径而不重命名,则直接将工作路径拖到"路径"面板的"创建新路径"按钮上;如果要更名保存工作路径,则要双击工作路径,打开"存储路径"对话框,更名保存。

5. 路径使用技巧

(1)路径的选择。使用路径选择工具 ▶,在路径上单击,即可选择该路径,此时路径上的锚点呈黑色的正方形。按住 Shift 键,可选择多条路径;按住 Shift 键的同时单击已选中路径,可取消路径的选中状态。

(2)路径的移动。使用路径选择工具 ▶,拖动需移动的路径,即可完成其移动。如需轻微移动,可在选择路径的同时,用键盘上的方向键来实现。如果将路径移动到另一文件中,就会复制该路径。使用直接选择工具 ▶ 可以移动路径上的锚点,改变路径形状。

(3)路径的复制。按住 Alt 键,拖动路径,即可复制路径。也可以在"路径"面板的当前路径上右击,选择"复制路径"命令,生成路径副本。

(4)路径的变形。在文档窗口的路径上按 Ctrl+T 组合键,可对路径进行缩放、旋转,此时右击路径,使用快捷菜单中的命令还可以进行扭曲、透视、翻转等一系列变形操作。

(5)路径的组合。当使用形状工具或钢笔工具绘制路径时,首先选择工具选项栏中"路径操作"按钮的"合并形状""减去顶层形状""与形状区域相交"或"排除重叠形状"命令,进行不同形式的组合操作,然后绘制路径,再选择"合并形状组件"命令后才能最终完成路径的组合。当使用形状工具或钢笔工具绘制完成路径后,又要重新组合路径,应使用路径选择工具同时选中多条路径,再选择工具选项栏"路径操作"的某种操作,接着选择"合并形状组件"命令,实现路径的组合。如图 2-114(a)所示为使用路径选择工具同时选中两条路径,选择"合并形状"命令,再选择"合并形状组件"命令得到组合后的形状,如图 2-114(b)所示。

💡 提示:

① 进行路径组合时,如图 2-115(a)所示为在"减去顶层形状"操作下绘制的两个椭圆,其路径缩览图中的白色代表路径内的部分,即组合后得到的形状,灰色代表路径外的

部分,即组合后去掉的部分,如图 2-115(b)所示。

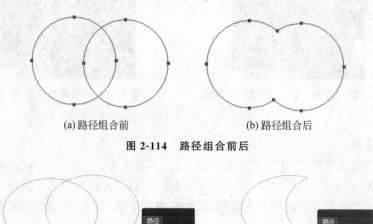

(a) 路径组合前　　　　　　　　(b) 路径组合后

图 2-114　路径组合前后

(a) 组合前　　　　　　　　　(b) 组合后

图 2-115　路径组合前后的缩览图

② 勾选路径选择工具选项栏上的"约束路径拖动"复选框后,在两个锚点之间拖动路径时,不会更改两个锚点以外的路径。

(6) 路径的对齐和分布。在路径选择的情况下,通过路径选择工具选项栏中的"左边""水平居中""右边""顶边""垂直居中""底边""按宽度均匀分布""按高度均匀分布""对齐到选区"或"对齐到画布"命令,可进行路径的对齐操作。

【案例 2-7】 绘制融化的雪花效果。

(1) 按 Ctrl+N 组合键新建文件,在打开的对话框中设置名称为"融化的雪花","宽度"×"高度"为 300 像素×300 像素,"分辨率"为 72,"颜色模式"为 RGB 颜色,"背景内容"为黑色,如图 2-116 所示。

(2) 选择"窗口"|"形状"命令,打开"形状"面板,把"旧版形状及其他"导入形状中,在搜索栏中查找"雪花",选择第一个,如图 2-117 所示。选择工具箱中的自定形状工具 ✿,并设置工具选项栏中绘图模式为"路径"。

(3) 在文档窗口左上方单击并拖动(同时按住 Shift 键),绘制雪花,在"路径"面板上形成工作路径,如图 2-118 所示。使用工具箱中的路径选择工具,调整路径在文档中的位置。

(4) 设置工具箱的前景色为白色。在"路径"面板的"工作路径"蓝条上右击,在弹出的快捷菜单中选择"填充路径"命令,打开"填充路径"对话框,如图 2-119

图 2-116　新建文件

所示，并在该对话框中设置"内容"为"前景色"，"羽化半径"为 3 像素，然后单击"确定"按钮，效果如图 2-120 所示。

图 2-117 设置雪花形状

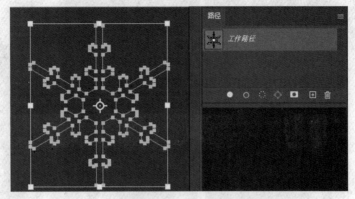

图 2-118 绘制雪花

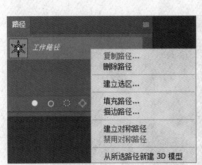

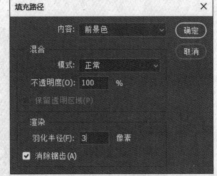

图 2-119 "填充路径"对话框

（5）选择工具箱中的画笔工具 ，按 F5 键打开"画笔设置"面板，如图 2-121 所示。选择画笔笔尖为"样本画笔"，"大小"为 100 像素，"间距"为 25％；设置"形状动态"选项中"大小抖动"为 50％，"最小直径"为 20％，"角度抖动"为 100％。

（6）在"路径"面板的"工作路径"上右击，在弹出的快捷菜单中选择"描边路径"命令，打开"描边路径"对话框，选择"画笔"选项，然后单击"确定"按钮，效果如图 2-122 所示。

（7）单击"路径"面板上"将路径作为选区载入"按钮，使雪花的路径变为选区，如图 2-123 所示。

图 2-120 填充白色

（8）按 Ctrl＋D 组合键取消选区，如图 2-124 所示。按 Ctrl＋I 组合键反相，如图 2-125 所示，这时可以定义画笔，作为画笔笔尖使用。

（9）保存文件（参考"答案\第 2 章\融化的雪花.psd"源文件）。

图 2-121　"画笔设置"面板

图 2-122　使用白色画笔描边

图 2-123　将路径变为选区

图 2-124　取消选区

图 2-125　反相选区

2.4.2 钢笔工具组

钢笔工具属于矢量绘图工具,其优点是可以绘制平滑的曲线,在缩放或者变形之后仍能保持平滑效果。

钢笔工具组位于 Photoshop 工具箱浮动面板中,默认情况下,其图标呈现为“钢笔”图标,在此图标上单击并停留片刻,系统将会弹出隐藏的工具组,如图 2-126 所示。按照功能可分成7 种工具。

图 2-126　“钢笔工具”组

1. 钢笔工具

钢笔工具选项栏如图 2-127 所示

图 2-127　钢笔工具选项栏

(1) 绘图模式。包括“形状”和“路径”两种可用模式,“像素”在钢笔工具中不可用。

(2)“建立”选项。可以实现钢笔路径与选区、蒙版和形状间的转换。当用钢笔工具绘制完成路径后,单击“选区”按钮,会弹出“建立选区”对话框。在该对话框中设置好参数后单击“确定”按钮,即可将路径转换为选区。同样,单击“蒙版”按钮,会在图层上形成矢量蒙版;单击“形状”按钮,则可将绘制的路径转换为形状图层。

(3) 路径操作、路径对齐方式和路径的排列方式与形状工具的用法一样。

(4) 橡皮带。勾选“橡皮带”复选框,能够直观地看到将要绘制的锚点所形成的路径。

(5) 自动添加/删除。勾选该复选框,可以用钢笔工具直接单击路径上的某点添加锚点或在原有的锚点上单击删除锚点。如果未勾选该复选框,可以通过右击路径,在弹出的快捷菜单中选择“添加锚点”命令添加锚点,或者右击原有的锚点,在弹出的快捷菜单中选择“删除锚点”命令来删除锚点。也可以使用钢笔工具组中的添加锚点工具或删除锚点工具添加或删除锚点。

选择钢笔工具,在工具选项栏的绘图模式中选取“路径”模式,然后直接在图像中根据需要单击生成锚点,每单击一次即生成一个锚点,依据单击顺序,每两个锚点间由一条线段连接,如图 2-128 所示为由起点到终点依次单击形成的。选择路径选择工具形成开放路径,如图 2-129(a)所示,再选择钢笔工具,在起点和终点处分别单击形成封闭路径,如图 2-129(b)所示。

使用钢笔工具时,常用的快捷键如下。

(1) 按住 Shift 键创建锚点,将会以 45°或以 45°的倍数绘制路径。

(2) 按住 Alt 键,将钢笔工具移到锚点上,钢笔工具将会暂时变为转换点工具,可以调节锚点曲率。

（3）按住 Ctrl 键，钢笔工具将暂时变成直接选择工具，可以对锚点进行移动。

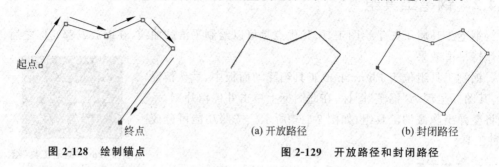

图 2-128　绘制锚点　　　　　（a）开放路径　　　　　（b）封闭路径

图 2-129　开放路径和封闭路径

2. 自由钢笔工具

自由钢笔工具 用于随意绘制路径。在使用上与选择工具的套索工具基本一致，只需要在图像上创建一个初始点后即可随意拖动鼠标指针进行徒手绘制路径，绘制过程中，路径上不添加锚点。

3. 内容感知描摹工具

使用感知描摹工具时，将鼠标指针悬停在边缘并单击即可轻松地围绕对象绘制路径，在对边缘清晰的图像绘制路径时可以减少操作，减轻工作量。如图 2-130 所示，把鼠标指针放到鸡蛋周围即可出现虚线，单击即可出现完整路径。

提示：有时打开钢笔工具组，发现里面没有内容感知描摹工具，该如何解决？可以选择"编辑"|"首选项"命令（Ctrl＋K），在"技术预览"选项组中勾选"内容感知描摹工具"复选框，再重启 Photoshop 即可发现"钢笔工具"组中已有该命令。

图 2-130　"内容感知描摹工具"绘制路径

4. 弯度钢笔工具

使用弯度钢笔工具 可以轻松地绘制平滑曲线和直线段。使用这个工具，可以在设计中创建自定形状，或者定义精确的路径，以便毫不费力地优化图像。在执行该操作时，无须切换工具就能创建、切换、编辑、添加或删除平滑点或角点。

弯度钢笔工具使用技巧如下。

（1）在绘制路径时，单击，创建平滑点（绘制曲线）；双击，创建角点（绘制直线）。

（2）曲线的弯曲度根据锚点的相对位置自动形成，单击拖动锚点从而改变曲线的形状。

① 单击锚点时，按住 Ctrl 键不会像标准钢笔工具那样出现调杆（手柄）。

② 拖动锚点以调整曲线时，会自动地修改相邻的路径段（橡皮带效果）。

（3）平滑点与角点的转换只需双击。标准钢笔工具转换锚点需要按 Alt 键切换到转换点工具，弯度钢笔工具可通过按 Alt 键切换到转换点工具。

（4）添加或删除锚点的方法与标准钢笔工具相同。将鼠标指针置于线段之上可添加锚点；选中一个或几个锚点后，按 Delete 键或 Backspace 键，可删除锚点。

（5）如果使用工具箱中的直接选择工具，或者在标准钢笔工具状态下切换到直接选择工具，所选锚点将会出现调杆（手柄），其操作与使用标准钢笔工具时一致。

（6）也可对一个使用标准钢笔工具绘制的路径，使用弯度钢笔工具来调整。

5. 添加锚点工具和删除锚点工具

添加锚点工具 ![] 和删除锚点工具 ![] 用于根据实际需要增、删路径上的锚点。在工具箱中选择其中一种工具后，当光标移至路径轨迹处时，光标自动变成添加锚点工具或删除锚点工具，如图 2-131（a）所示为使用删除锚点工具，在图 2-131（a）圈住的锚点上单击，形成的路径如图 2-131（b）所示。

6. 转换点工具

转换点工具 ![] 用于调节某段路径控制点位置，即调节路径的曲率。使用钢笔工具、添加锚点工具、删除锚点工具可以得到一组由多条直线段组成的多边形路径。要消除多边形的顶点，使路径光滑，只需要选取此工具，然后在路径的某节点处拖动，即可进行节点曲率的调整，如图 2-132 所示。

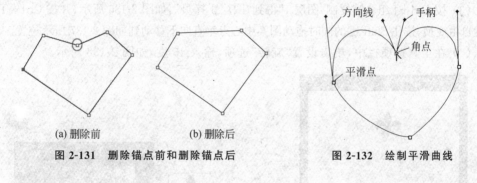

(a) 删除前	(b) 删除后

图 2-131 删除锚点前和删除锚点后　　　　**图 2-132** 绘制平滑曲线

💡 **技巧**

（1）使用钢笔工具绘制路径时，按住 Alt 键后在"路径"面板上的"垃圾桶"图标上单击，可以直接删除路径。

（2）在单击"路径"面板下方的几个按钮（用前景色填充路径、用前景色描边路径、将路径作为选区载入）时，按住 Alt 键可以看见一些相对应的对话框。

2.5 综合应用举例

设计一款新颖独特的花布，效果如图 2-133 所示。

使用自定形状工具和"自由变换"命令绘制并定义图案，再填充图案并设置滤镜的云彩，得到布料花纹的效果。

操作步骤如下。

（1）新建一个文件，并命名为"图案"，设置"宽度"×"高度"为 600 像素×600 像素，"分别率"为 72 像素/英寸，"颜色模式"为 RGB，"背景内容"为白色。

（2）新建"图层 1"，在工具箱中设置前景色为黑色，选择工具箱中的自定形状工具 ，选择"窗口"|"形状"命令，打开"形状"面板，导入"旧版形状及其他"，在搜索栏中搜索"百合"，即可找到如图 2-134 所示形状。按住 Shift 键然后在白色背景上单击并拖动，绘制图案，如图 2-135 所示。

图 2-133　蜡染花布效果图　　　　　　图 2-134　搜索"百合"

（3）按 Ctrl＋J 组合键复制"图层 1"得到"图层 1 拷贝"，如图 2-136 所示，并按 Ctrl＋T 组合键自由变换，按住 Shift 键的同时拖动图案中心点垂直向下移动到如图 2-137 所示位置。

（4）在工具选项栏中，单击设置"旋转"选项，输入 45 度，如图 2-138 所示。

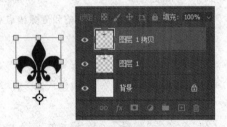

图 2-135　绘制"百合"图案　　　　　　图 2-136　复制图层

图 2-137　移动中心点　　　　　　图 2-138　设置旋转

（5）按 Enter 键确认操作，按住 Ctrl＋Shift＋Alt 组合键的同时按 T 键 6 次，旋转并复制 6 个图层，如图 2-139 所示。

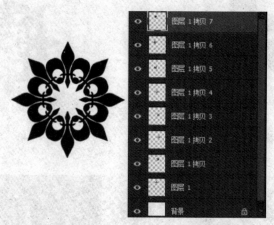

图 2-139 旋转并复制 6 个图层

（6）选择 8 个图层，按 Ctrl＋E 组合键合并图层，得到"图层 1 拷贝 7"。按 Ctrl＋J 组合键复制"图层 1 拷贝 7"，得到"图层 1 拷贝 8"，如图 2-140 所示。

（7）按 Ctrl＋T 组合键，再按住 Alt 键的同时拖动变形框的角点，缩小并设置旋转角度为 20°，如图 2-141 所示。

图 2-140 合并并复制图层

图 2-141 缩小并旋转图案

（8）按 Enter 键确认操作，按 Ctrl＋E 组合键向下合并"图层 1 拷贝 8"和"图层 1 拷贝 7"，得到"图层 1 拷贝 7"。按 Ctrl＋J 组合键复制"图层 1"，得到"图层 1 副本"，移动图案到文档中心位置，智能参考线会自动捕捉中心位置，如图 2-142 所示。按住 Ctrl＋T 组合键，再按住 Alt 键适当放大图案大小，再复制得到 4 个图层副本，并调整其位置和大小，如图 2-143 所示。

（9）关闭背景图层，如图 2-144 所示。选择"编辑"|"定义图案"命令，打开"图案名称"对话框，保持默认图案名称，然后单击"确定"按钮。

（10）新建一个文件，并设置"宽度"×"高度"为 2 000 像素×2 000 像素，"颜色模式"为 CMYK，"背景内容"为白色。

（11）选择"编辑"|"填充"命令，打开"填充"对话框，如图 2-145 所示。在该对话框中找到"自定图案"，然后单击"确定"按钮，填充效果如图 2-146 所示。

图 2-142　移动图案到中心位置

图 2-143　定义图案

图 2-144　关闭背景图层

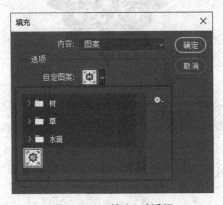

图 2-145　"填充"对话框

图 2-146　填充效果

　　(12) 设置工具箱的前景色为"♯1f3475"、背景色为"♯ced9ec"。新建"图层 1",选择"滤镜"|"渲染"|"云彩"命令,然后设置图层混合模式为"正片叠底",花布效果如图 2-147所示。

　　(13) 保存文件(参考"答案\第 2 章\布料花纹.psd"源文件)。

图 2-147　花布效果

相关知识

1. 图形及图形设计的含义

图形是由绘、写、刻、印等手段产生的图画记号,是说明性的图画形象。

图形设计要求有创意,即创造新意、寻求新颖和独特的某种意念、构想,图形创意是图形设计的核心,可以运用到招贴设计、书籍装帧设计、包装设计等实践设计中,发挥图形的视觉传递作用。

2. 绘画与绘图的区别

在计算机上创建图形时,绘图和绘画之间是有区别的。

绘画是用绘画工具更改像素的颜色。可以渐变地应用颜色,采用柔化边缘和转换操作,并利用强大的滤镜效果处理个别像素。

绘图是使用“形状工具”和“钢笔工具”绘制,涉及的是创建被定义为几何对象的形状(也称为矢量对象)。例如,如果使用“椭圆工具”绘制圆,则该圆由特定的半径、位置和颜色定义,可以快速选择整个圆,并将其移动到新位置,也可以通过编辑圆的轮廓来改变它的形状。

思考与练习

一、单项选择题

1. 单击“图层”面板上当前图层左边的眼睛图标,则当前图层(　　)。

    A. 被锁定　　　　　　B. 被隐藏　　　　　　C. 被添加蒙版　　　　D. 被删除

2. 下列关于路径的描述不正确的是(　　)。

    A. 可以用画笔工具描边路径

    B. 路径可以转换为选区

C. "路径"面板中路径的名称可以随时修改

D. 双击当前工作路径可存储路径

3. 当使用绘图工具时,按住( )组合键,暂时切换到吸管工具。

    A. Shift   B. Alt   C. Ctrl   D. Ctrl+Alt

4. 对某图层执行自由变换命令时发现该命令为灰色显示,肯定不是( )。

    A. 该图层被锁定   B. 该图层为背景图层

    C. 该图层与背景图层为链接关系   D. 该图层位于图层组中

5. 路径的组成不包括( )。

    A. 直线   B. 曲线   C. 锚点   D. 像素

6. 下列( )方法不能建立新图层。

    A. 双击"图层"面板的空白处

    B. 单击"图层"面板下方的"创建新图层"按钮

    C. 使用鼠标将当前图像拖动到另一张图像上

    D. 使用文字工具在文档中添加文字

7. 下列有关钢笔工具的说法不正确的是( )。

    A. 钢笔工具属于矢量图形绘制工具

    B. 钢笔工具组不包含转换点工具

    C. 钢笔工具可以实现精确抠图

    D. 钢笔工具可以绘制路径

8. 下列关于 Photoshop 背景层的说法正确的是( )。

    A. 背景层的位置可以随便移动

    B. 如果想移动背景层,必须更改其名字

    C. 背景层是不透明的

    D. 背景层是白色的

9. 在 Photoshop 中,如果前景色为红色,背景色为蓝色,直接按 D 键,然后按 X 键,前景色与背景色将分别是( )。

    A. 前景色为蓝色,背景色为红色

    B. 前景色为红色,背景色为蓝色

    C. 前景色为白色,背景色为黑色

    D. 前景色为黑色,背景色为白色

10. 关于自定形状工具,以下说法不正确的是( )。

    A. 自定形状工具绘制的对象会建立新图层

    B. 自定形状工具绘制的对象是矢量的

    C. 可以用钢笔工具对自定形状工具绘制对象的形状进行修改

    D. 自定形状工具绘制的对象是一条路径

11. 下面对背景橡皮擦工具与魔术橡皮擦工具描述不正确的是( )。

    A. 背景橡皮擦工具可将颜色擦为没有颜色的透明部分

    B. 魔术橡皮擦工具可擦除图像的近似颜色为透明

C. 背景橡皮擦工具选项栏中的"容差"选项是用来控制擦除颜色的范围

D. 魔术橡皮擦工具选项栏中的"容差"选项控制擦除图像连续的部分

12. 下列不属于在"图层"面板中可以调节的参数是(　　　)。

A. 透明度　　　　　　　　　　B. 编辑锁定

C. 显示隐藏当前图层　　　　　D. 图层的大小

13. 为了查看当前图层的效果,需要关闭其他所有图层的显示,最简便的方法是(　　　)。

A. 按住 Alt 键的同时,在"图层"面板中单击当前图层左边的眼睛图标

B. 新建一个透明的图像文件,将当前图层拖到建立的新文件中

C. 按 Ctrl＋Alt＋Shift＋K 键

D. 按 Ctrl＋Shift＋K 键

二、多项选择题

下面选择工具形成的选区可以被用来定义画笔形状的是(　　　)。

A. 矩形工具　　　　B. 椭圆工具　　　　C. 套索工具　　　　D. 魔棒工具

三、设计制作题

1. 吸烟有害健康,不仅仅是吸烟者本人的健康,周围的其他人也会深受其害。请参照图 2-148 制作一幅禁烟标志。颜色可从图样上提取(参考"答案\第 2 章\练习答案\2-1.psd"源文件)。

2. 请参照图 2-149 绘制图案"我的家"(参考"答案\第 2 章\练习答案\2-2.psd"源文件)。

图 2-148　"禁止吸烟"效果图　　　　图 2-149　"我的家"效果图

图像效果制作

通过第 2 章的学习,已经熟悉了 Photoshop CC 软件的工作界面和新功能,从本章开始学习图像的编辑和处理方法。

学习目标

(1) 掌握图层混合模式的应用。

(2) 掌握图层样式的应用。

(3) 掌握图像特效的制作方法。

3.1 图层样式

图层样式是 Photoshop 图像处理中增加效果的重要手段之一,它能够简单快捷地制作出各种投影、质感等效果的图像特效。

在"图层"面板中单击"图层样式"按钮 fx,弹出"图层样式"对话框,如图 3-1 所示。在对话框中可以设置各种图层样式的具体参数。

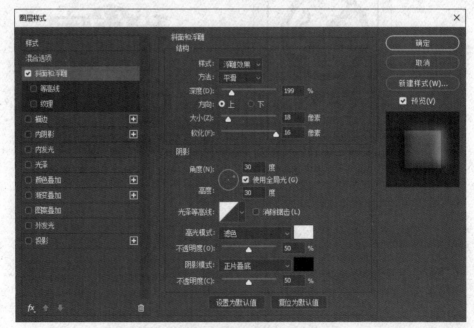

图 3-1 "图层样式"对话框

（1）斜面和浮雕：为图层添加高亮和阴影，从而在图层的边缘显示立体的斜面效果或浮雕效果。

① 样式：包括"内斜面""外斜面""浮雕效果""枕状浮雕"和"描边浮雕"5 种，默认效果如图 3-2 所示。

(a) 内斜面效果　　　　(b) 外斜面效果　　　　(c) 浮雕效果　　　　(d) 枕状浮雕效果　　　(e) 描边浮雕效果

图 3-2　5 种斜面和浮雕默认效果

② 方法：可以设置三个值，包括平滑、雕刻清晰和雕刻柔和。其中，"平滑"是默认值，选择该选项可以对斜角的边缘进行模糊，从而制作出边缘光滑的高台效果。

③ 深度：必须与"大小"配合使用，"大小"一定的情况下，用"深度"可以调整高台的截面梯形斜边的光滑程度。比如，在"大小"值一定的情况下，不同的"深度"值产生的效果不同。

④ 方向：只有"上"和"下"两种。在制作按钮时，"上"和"下"可以分别对应按钮的正常状态和按下状态。

⑤ 大小：用来设置高台的高度，必须和"深度"配合使用。

⑥ 软化：一般用来对整个效果进行进一步模糊，使对象的表面更加柔和，减少棱角感。

⑦ 角度、高度：设置阴影的方向和深度。

⑧ 使用全局光：表示所有的样式都受同一个光源的照射，调整一种图层样式的光照效果，其他图层样式的光照效果也会自动进行一样的调整。当然，如果需要制作多个光源照射的效果，可以取消勾选这个复选框。

⑨ 光泽等高线：选中一个等高线样式，为斜面和浮雕表面添加光泽，使其产生一种金属质感效果。

⑩ 高光模式和不透明度：用来设置高光的混合模式、颜色和不透明度。

⑪ 阴影模式和不透明度：用来设置阴影的混合模式、颜色和不透明度。

⑫ 等高线：为对象（图层）本身创建独特的阴影过渡效果，如图 3-3 所示为等高线设置界面。

⑬ 纹理：用来为图层添加材质，其设置比较简单。首先在下拉框中选择纹理，然后对纹理的应用方式进行设置。

⑭ 图案：选中一个图案，应用到斜面和浮雕上。

⑮ 缩放：拖动滑块或输入数值可以调整图案的大小。

⑯ 深度：用来设置图案的纹理应用程度。深度越大（对比度越大），层表面的凹凸感越强，反之凹凸感越弱。

⑰ 反向：将图层表面的凹凸部分对调。

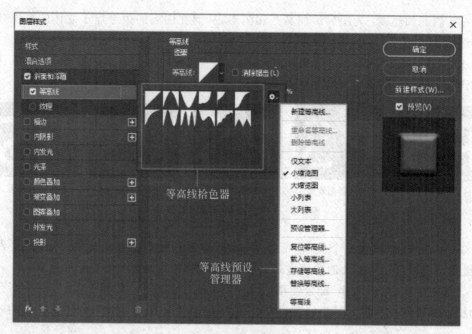

图 3-3　等高线设置界面

⑱ 与图层链接：选择该选项，可以保证图层移动或者进行缩放操作时纹理随之移动和缩放。

（2）描边：使用颜色、渐变颜色或图案描绘当前图层上的对象、文本或形状的轮廓，对于边缘清晰的形状（如文本），这种效果尤其有用。此功能类似选择"编辑"|"描边"命令，但是图层样式中"描边"可以修改参数，单击 按钮增加多个"描边"，如图 3-4 所示。

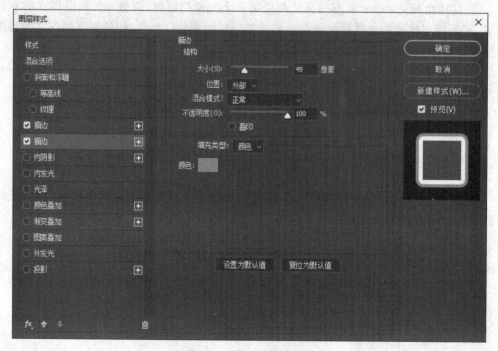

图 3-4　"描边"设置界面

如图 3-5(a)所示为设置一个描边效果,描边颜色为白色;如图 3-5(b)所示为又增加一个描边效果,描边颜色为紫色。

(a) 一个描边效果　　　　　(b) 增加一个描边效果

图 3-5　一个描边效果及增加一个描边效果

① 大小:设置描边宽度。
② 位置:设置描边的位置,软件提供的选项包括内部、外部和居中。
③ 填充类型:也有三种可供选择,分别是颜色、渐变和图案。
④ 渐变:描边内容为渐变效果,如图 3-6 所示。

图 3-6　设置渐变填充效果

⑤ 图案:描边内容为图案效果,如图 3-7 所示。

图 3-7　设置图案填充效果

(3)内阴影:将在对象、文本或形状的内边缘添加阴影,让图层产生一种凹陷效果,在文本对象上经常使用内阴影来增加效果,如图 3-8 所示。

阻塞:可以在模糊之前收缩内阴影的边界,与“大小”选项相关联,“大小”值越高,设置的“阻塞”范围就越大。

(4)内发光:为图层对象、文本或形状的边缘向内添加发光效果,如图 3-9 所示。

(5)光泽:在图层内部,根据图层对象的形状互相作用产生阴影,通常创建规则波浪

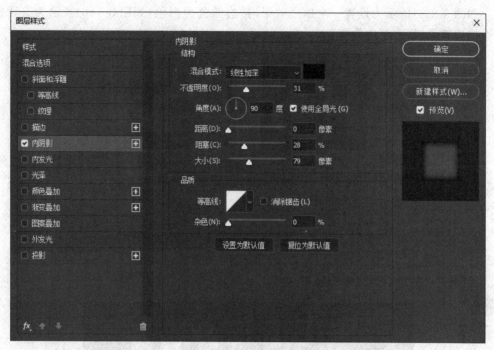

图 3-8 "内阴影"设置界面

形状、光滑的磨光及金属效果。

（6）颜色叠加：将在图层对象上叠加一种指定的颜色，通过设置"混合模式"和"不透明度"产生叠加效果。

（7）渐变叠加：将在图层对象上叠加渐变颜色，通过"渐变编辑器"可以设置渐变的颜色，如图 3-10 所示。

(a) 原图   (b) 内发光效果

图 3-9 原图及内发光效果

图 3-10 渐变叠加效果

（8）图案叠加：将在图层对象上叠加图案，从"图案拾色器"中选择其他的图案，如图 3-11 所示。

（9）外发光：为图层对象、文本或形状的边缘向外添加发光效果，效果如图 3-12 所示。

（10）投影：为图层上的对象、文本或形状后面添加阴影效果，效果如图 3-13 所示。

在"图层样式"对话框中选择"样式"选项，可以选择软件提供的一些样式，或者可以选择"窗口"|"样式"命令，弹出"样式"面板，如图 3-14 所示。

图 3-11　图案叠加效果　　　　图 3-12　外发光效果　　　　图 3-13　投影效果

　　在"样式"面板右上方单击█按钮，可以弹出"样式"菜单，如图 3-15 所示。可以对样式进行各种操作，例如新建、重命名、显示方式等。

　　选择"旧版样式及其他"命令，将库添加到当前列表，如图 3-16 所示。可以把以前版本的图层样式也加到"样式"面板中。

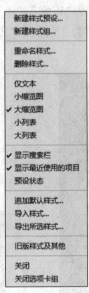

图 3-14　"样式"面板　　　　图 3-15　"样式"菜单　　　　图 3-16　导入旧版本样式

　　【案例 3-1】　制作按钮。很多按钮的制作都是使用"形状工具"创建形状之后，通过设置图层样式来完成的。

　　(1) 新建文档(Ctrl+N)，选择 Photoshop 的默认大小 16 厘米×12 厘米，方向为横版，分辨率为 300dpi，色彩模式为 RGB 模式。

　　(2) 选择渐变工具，设置渐变为预设的"灰色_07"，在页面中从上往下拖动，产生如图 3-17 所示效果。

(3) 选择矩形工具,设置矩形填充为白色,描边为无描边,长 800 像素,宽 300 像素,半径为 150 像素,效果如图 3-18 所示。

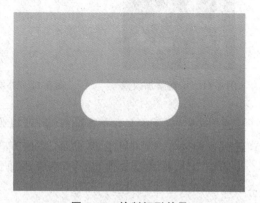

图 3-17　"渐变填充"效果　　　　　　　　图 3-18　绘制矩形效果

(4) 添加图层样式,设置"斜面和浮雕"参数,"样式"为"浮雕效果","方法"为"雕刻清晰","深度"为 95％,"大小"为 46 像素,"软化"为 0 像素,阴影"角度"为 90 度,"高度"为 30 度,如图 3-19 所示。

(5) 设置"内阴影","混合模式"为"正常","不透明度"为 44％,"角度"为－90 度,取消勾选"使用全局光"复选框,"距离"为 13 像素,"阻塞"为 2％,"大小"为 87 像素,参数设置如图 3-20 所示。

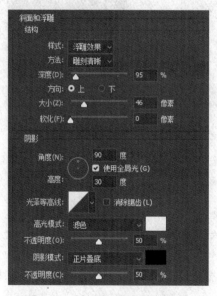
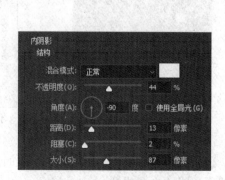

图 3-19　"斜面和浮雕"参数设置　　　　　　图 3-20　"内阴影"参数设置

(6) 单击"内阴影"右侧的加号➕,增加一个"内阴影",参数与第一个一样,修改颜色为白色,"角度"为 90 度,参数设置如图 3-21 所示。

(7) 设置"渐变叠加","混合模式"为"正常","不透明度"为 100％,"渐变"颜色为预设

"蓝色_19","样式"为"线性","角度"为 90 度,参数设置如图 3-22 所示。

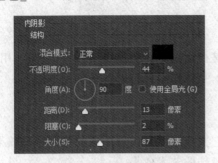

图 3-21　"内阴影"参数设置

图 3-22　"渐变叠加"参数设置

(8) 设置"投影","混合模式"为"正常","颜色"为黑色,"不透明度"为 50%,"角度"为 90 度,取消勾选"使用全局光"复选框,"距离"为 60 像素,"扩展"为 0,"大小"为 180 像素,参数设置如图 3-23 所示。

(9) 单击"投影"右侧的加号 ➕,增加一个"投影",参数与第一个一样,修改颜色为白色,"角度"为－90 度,参数设置如图 3-24 所示。

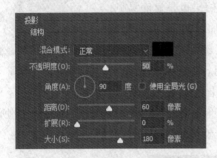

图 3-23　"投影"参数设置 1

图 3-24　"投影"参数设置 2

(10) 保存文件,最终效果如图 3-25 所示(参考"答案\第 3 章\案例 3-1-按钮.psd"源文件)。

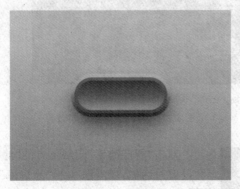

图 3-25　最终效果

3.2　图像特效

　　滤镜是 Photoshop 中常用的工具之一,滤镜是指通过分析图像中的每一个像素,用数学算法将其转换成特定的形状、颜色、亮度等效果,是制作图像特效的最常用方法。

3.2.1　滤镜简介

　　滤镜在 Photoshop 中具有非常神奇的作用,它主要是用来实现图像的各种特殊效果。滤镜通常需要与通道、图层等配合使用才能取得最佳的艺术效果。

　　滤镜分为内置滤镜和外挂滤镜两大类,内置滤镜是 Photoshop 自身提供的各种滤镜,外挂滤镜则是由其他厂商开发的滤镜,需要安装在 Photoshop 中才能使用。

　　Photoshop 内置滤镜多达 100 余种,其中滤镜库、自适应广角、Camera Raw、镜头校正、液化和消失点属于特殊滤镜,风格化、画笔描边、模糊、扭曲、锐化、视频、素描、纹理、像素画、渲染、艺术效果、杂色和其他属于滤镜组滤镜。滤镜组滤镜操作比较简单,效果也是显而易见。

　　当需要添加滤镜的图层为智能对象时,添加的滤镜就会变成智能滤镜,智能滤镜包含可编辑设置,可以随时编辑它,也可以编辑智能滤镜的混合选项。如图 3-26 所示为原图,把原图转化为智能对象,然后选择"滤镜"|"滤镜库"|"素描"|"染色玻璃"命令,设

图 3-26　原图

置参数"单元格大小"为 3,"边框粗细"为 2,"光照强度"为 1,参数与效果如图 3-27 所示,然后单击"确定"按钮,这时在图层上就会出现智能滤镜,如图 3-28 所示。

(a) 染色玻璃参数

(b) 效果

图 3-27　染色玻璃参数与效果

图 3-28　智能滤镜

　　双击"智能滤镜"图层下方的"滤镜库"图层即可返回到参数设置对话框,双击图 3-28"滤镜库"右侧的"混合选项"按钮，可以设置智能滤镜与原图的混合模式。如图 3-27(b)所示为在"混合选项"中设置模式为"正片叠底"效果(参考"答案\第 3 章\智能滤镜.psd"源文件)。

3.2.2 自适应广角

自适应广角是用来校正广角镜头畸变的,是为摄影师提供的一个简单实用的功能。由于畸变使得原本应该是直线的线段会变成曲线,在使用自适应广角时直接在画面中指定直线段,软件会将任何指定的线条变成直线,从而达到校正畸变的目的。图 3-29 为"自适应广角"对话框。

图 3-29 "自适应广角"对话框

1. 自适应广角滤镜工具

(1) 约束工具![icon]:使用该工具可以沿着弯曲对象的边缘绘制约束线,并对约束的对象进行自动校正。按住 Shift 键单击可添加水平/垂直约束线,按住 Alt 键单击可删除约束线。

(2) 多边形约束工具![icon]:可以添加或编辑多边形约束线,按住 Alt 键单击可删除约束线。

(3) 移动工具![icon]:可以在画布中拖动移动内容。

(4) 抓手工具![icon]:可以实现图像画面的移动和查看选择区域。

(5) 缩放工具![icon]:单击或拖动可以放大图像。按住 Alt 键的同时单击或拖动,可以缩小显示比例。

2. 自适应广角滤镜选项

(1) 校正:在下拉列表中可以对校正的投影方式进行设置,列表中包含"鱼眼""透视""自动"和"完整球面"选项。"鱼眼"可矫正由鱼眼镜头所引起的弯度;"透视"可矫正由视角和相机斜角所引起的会聚线;"自动"可自动地监测合适的矫正;"完整球面"可矫正360°全景图。

（2）缩放：校正图像后，通过拖曳滑块或在文本框中输入数值，对图像进行缩放调整，填满空缺。

（3）焦距：用于设置镜头焦距。如果在照片中检测到镜头信息，会自动填写此值。

（4）裁剪因子：该参数与"缩放"配合使用，以补偿应用滤镜时引入的任何空白区域。

（5）原照设置：可以使用镜头配置文件中定义的值，如果没有找到镜头信息，则禁用此选项。

（6）细节：在使用约束工具和多边形约束工具时，可通过观察该图像来准确定位约束点。

如图 3-30 所示为绘制三条约束线，如图 3-31 所示为调整后效果（参考"答案\第 3 章\自适应广角.psd"源文件）。

图 3-30　绘制三条约束线　　　　　　　　图 3-31　调整后效果

3.2.3　Camera Raw 滤镜

Adobe Camera Raw（简称 ACR）是 Adobe 公司的一款插件。Camera Raw 软件具有强大的加工处理功能，是公认的最好的加工处理 RAW 格式图像软件，早期版本是作为外挂滤镜出现，需要用户单独下载才能使用，新版本作为内置滤镜出现，更方便用户使用。Camera Raw 并非专门处理 RAW 格式，对 JPG 等其他图像格式文件也可以进行处理。

RAW 是数码相机拍摄照片时的一种存储格式，现在很多手机也能拍摄专业模式，生成 RAW 文件。RAW 格式记录了数码相机在拍摄照片时未经任何加工处理、最原始的详细信息，从而为照片后期的调整加工提供了宽泛基础。

图 3-32 为 Camera Raw 窗口。

1. 编辑

（1）基本：可以调整照片的白平衡、调整色调、曝光、饱和度等，如图 3-33 所示。

① 白平衡：调整白平衡的目的在于还原照片拍摄时真实的色彩。图 3-34 为白平衡的模式，有原照设置、自动模式和自定模式。

自动模式，自动就是软件根据当前打开的图像文件信息使用软件内置算法进行计算，最终确定白平衡。相机上的自动白平衡是根据当前射入镜头的光线自动进行计算，软件是根据当前导入的文件进行运算。

图 3-32　Camera Raw 窗口

图 3-33　"基本"选项卡

图 3-34　白平衡的模式

　　自定模式,方法是拖动白平衡下方的"色温"和"色调"滑块。色温指定光源的色温,单位为 K,向左拖动色温滑块,加强冷色调,可以校正在色温较低时拍摄照片偏暖(黄);向右拖动滑块,加强暖色调,可以校正在较高色温拍摄照片偏冷(蓝)。图 3-35(a)为色温-50,图 3-35(b)为原图,图 3-35(c)为色温+50。

　　② 曝光:调整图像的整体亮度,相当于改变相机光圈的效果。添加曝光可以使图像

(a) 色温-50 　　　　(b) 原图 　　　　(c) 色温+50

图 3-35 　色温－50、原图和色温＋50

变亮,减少曝光可以使图像变暗。曝光调得过高,可能造成图像亮部细节丧失,还会导致暗部噪点变得明显。

③ 对比度:使图像明暗差距加大或减小,它影响的范围主要是中间色调,对亮部和暗部的影响较小。在增加对比度时,中到暗图像区域会变得更暗;中到亮图像区域会变得更亮。

④ 高光:主要对图像较亮部分调整光线强弱。

⑤ 阴影:主要对图像较暗部分调整光线强弱。

⑥ 白色:主要调整图像中浅色和光亮的强度,对深色和黑暗部分影响小。

⑦ 黑色:可以调整图像变暗。可以设置图像的最暗点,凡是亮度低于这个最暗点的像素都会被对应为黑色,所以黑色滑块就是控制暗部裁剪程度;黑色值越高,图像的暗部就会越深,但暗部丧失的细节也越多。

通常在调整黑色时都会使图像看起来对比度更高。

⑧ 清晰度:是增强图像中间调的对比度,提升整个画面的质感,使整个图像变得通透,使图像具有更大的冲击力。

⑨ 去除薄雾:类似增强明度的效果。

⑩ 自然饱和度与饱和度:调整图像中所有像素的饱和度,调整范围从－100(单色)～＋100(饱和度加倍)。过度的调整会使大量像素饱和度合并,造成局部图像过饱和从而损失细节。

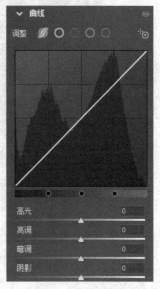

图 3-36 　"曲线"选项卡

(2) 曲线:在"基本"选项卡对图像进行过调整后,可以使用"曲线"选项卡来对图像进行色彩或混色方面的调整,如图 3-36 所示。

色调曲线表示对图像色阶范围所做的更改。水平轴表示图像的原始色调值(输入值),左侧为黑色,并向右逐渐变亮。垂直轴表示更改的色调值(输出值),底部为黑色,并向上逐渐变为白色。可以通过对"高光/亮调/暗调/阴影"滑块移动或者在文本框输入数值,对图像进行调整,向右移动或输入正值使得图像相应区域变亮,向左移动或输入负值使得图像相应区域变暗。

（3）细节：细节在对图像进行锐化的同时还具有去除噪点的能力，主要是寻找图像边缘像素，增加像素对比度使之清晰。调整时，将预览图设成 100％或更大比例，以便观察效果。另外，按住 Alt 键再拖动滑块，此时预览图会变成灰阶，有助于判断设置值是否适当。

如图 3-37 所示为"细节"选项卡。

图 3-37 "细节"选项卡

① 锐化：数值越大，锐化越明显，它找到图像边缘像素提升对比度的程度越高，使得图像看起来就越清晰。

② 半径：锐化影响的范围，数值越大锐化的边缘越宽，画质越细致的图像，半径要小；太大的半径会导致边缘出现光晕，让图像变得极不自然。

③ 细节：数值越大，保留的细节也就越多。调整细节时，请将预览图像调整到主体的部分以利观察，然后按住 Alt 键左右拖动滑块，以让主体细节能够显露出来，实现最佳设置。

④ 蒙版：可以渐隐锐化的效果。如果锐化的数量过大，除了可以减少数量，还能增大蒙版的数值来减少过度的锐化。

（4）混色器：可以针对图像中特定的颜色改变其色相、饱和度和亮度。特定的颜色指的是控件滑块上的那些颜色——红色、橙色、黄色、绿色、浅绿色、蓝色、紫色、洋红。所改变的色相范围局限于色条上的色相范围。如图 3-38 所示，将图像上的绿色改变为浅绿色(向右拖动滑块)、把浅绿色变成蓝色，图像中树木的颜色发生改变。

(a) 调整 "混色器" 参数　　　　(b) 原图　　　　　　　(c) 效果

图 3-38 调整混色器效果

（5）颜色分级：用于给图片"高光""中间调"和"阴影"三部分着色。图 3-39 是分别对图像设置了图 3-40 中"高光""中间调"和"阴影"的效果。

（6）光学：主要用于校正镜头在拍摄时产生的畸变和色差。

① 扭曲度：是针对镜头的畸变手动进行相应调整，控制画面中图像的膨胀和收缩。

② 晕影：镜头晕影可以营造或者消除照片 4 个边角的阴影。向左拖动使之成为负值，可以在原照的基础上营造 4 角阴影，向右移动则消除阴影。

(a) 原图　　　　　　　　　　　　　　(b) 效果

图 3-39　原图和调整颜色分级效果

图 3-40　调整"颜色分级"参数

③ 中点：向左移动,对 4 角的影响范围向中心扩展;向右移动,对 4 角的影响范围由中心向 4 边角压缩。

图 3-41 是使用图 3-42 所示参数"晕影"为−100,"中点"为 0 的效果。

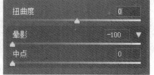

(a) 原图　　　　　　　　　　(b) 效果

图 3-41　使用晕影效果　　　　　　　　　**图 3-42　调整"晕影"参数**

④ 去边：使用色差滑块可以消隐图像边缘所形成的红、青、蓝、黄色差边缘。

(7) 几何：主要作用是调整照片中水平方向和垂直方向平衡及透视平衡,用于消除镜头畸变,如对照片中地平线、海平面、建筑物垂直、垂直与水平进行校正。

在图 3-43 中,①为取消校正;②为自动校正;③为校正水平线;④为校正垂直线;⑤为水平线、垂直线同时校正;⑥绘制两条或更多参考线,已校正横线和竖线。

垂直、水平、旋转、长宽比、缩放、横向补正和纵向补正等各选项是针对镜头的畸变手动进行相应调整。

(8) 效果:"效果"选项卡如图 3-44 所示。

图 3-43　"几何"选项卡

图 3-44　"效果"选项卡

① 颗粒:效果针对构成图片的颗粒点阵起作用,用于使画面产生明显颗粒,使其具有粗犷质感的特殊效果。其中,"颗粒"的值加大,颗粒增加,变得明显;"大小"值加大,颗粒直径加大;"粗糙度"使颗粒反差加大,画面显得粗糙。"大小"和"粗糙度"选项只在"颗粒"值不为零时才起作用。

② 晕影:效果用于去除照片拍摄时产生的四角发暗的晕影。"晕影"值向左减小,四角变暗,向右加大,四角变亮;"中点"值减小,晕影向中心扩展,反之,晕影向四角收缩;"圆度"指晕影的形状,向左数值减小,晕影沿水平方向收缩,向右增大,向垂直方向收缩。

(9) 校准:主要调整色彩表现。

【案例 3-2】 赛博朋克风照片处理。赛博朋克风特点:①夜晚偏暗,且暗部为黑色;②暗部偏灰;③颜色色相以紫色、蓝色、洋红为主;④颜色高饱和与低明亮度;⑤阴影偏蓝,高光偏洋红。

(1) 打开"素材\第 3 章\城市夜景.jpg"素材图片文件,并将其另存为"城市夜景.psd"。

(2) 按 Ctrl+J 组合键复制背景图层,得到"背景 拷贝"图层,右击图层,在弹出的快捷菜单中选择"转化为智能对象"命令。选择"滤镜"|Camera Raw 命令,打开"Camera Raw 滤镜"对话框,根据赛博朋克风的特点需要整体偏蓝和洋红,所以将色温往蓝调整,色调往洋红调整。在编辑的"基本"选项卡中,设置"色温"为 −47,"色调"为 +25,"饱和

度"为＋15。

（3）因为赛博朋克风的图片颜色为紫色、蓝色、洋红，所以调整色相，设置"蓝色"为－20，"洋红"为－100，如图3-45所示。

（4）提高颜色饱和度，并降低明亮度。在"饱和度"选项中，设置"蓝色"为＋30，"紫色"为＋30，"洋红"为＋55，在"明亮度"选项中，设置"红色"为－100，"黄色"为－100，如图3-46和图3-47所示。

图 3-45 "色相"调整

图 3-46 "饱和度"调整

（5）阴影偏蓝，高光偏洋红，在"颜色分级"选项卡中，设置"阴影"偏蓝，"高光"偏洋红，如图3-48所示（参考"答案\第3章\案例3-2-赛博朋克城市夜景.psd"源文件）。调整后效果对比如图3-49所示。

图 3-47 "明亮度"调整

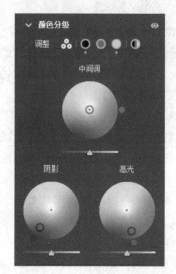

图 3-48 颜色分级调整

2. 污点去除

这个工具主要是用来去掉照片中不需要的内容或影响主体效果的杂物。在图像上单

(a) 原图

(b) 颜色分级调整参数及效果

图 3-49 原图和调整后效果

击不需要的内容,Camera Raw 会自动判断相似的区域内容,通过复制相似区域的内容来修复或覆盖单击的区域。

类型中有修复和仿制两项,大小指的是画笔大小。

修复与 Photoshop 中的修复画笔工具类似,采样点与修复处有融合的效果;而仿制就类似于 Photoshop 中的仿制图章工具,采样点与修复处是完全的复制关系,没有融合效果,如同使用采样点的部分完全覆盖在修复处。用鼠标指标采样不再只是一个圆标,而是类似一支画笔,只要用画笔把整个要修补的区域填满,就会对该区域进行修补。

3. 调整画笔

调整画笔工具是进行局部调整的,可以根据需要对特定区域进行调整(快捷键 K)。调整画笔工具选项如图 3-50 所示。

调整画笔的三种工作模式分别是新建、添加、清除,分别用于建立调整区、增加调整范围、减小调整范围。选中“清除”选项 ,单击涂抹则可以清除当前调整区域中不想要的部分,按 Delete 键可删除整个调整区。

要对画面局部进行调整,需要先画出调整的区域,根据该区域特点,进行画笔功能设定。在图上单击第一次,就会留下一个图钉一样的标记,这就是调整点标记,代表一个调整项目。在一张照片上,可以建立多个画笔调整项目,它们的调整区域可以有重叠的部分。有多个调整项目时,通过单击可以激活不同的调整项目进行调整,单击调整点标记激活该项目,就可以用调整控件对画面进行调整。在键盘上按 Backspace 键可以删除激活的调整项目。单击“重置画笔”按钮 ,可以删除全部调整项目。

(1)自动蒙版:勾选此复选框,软件可以根据照片中不同景物亮度、色彩等差异,自动识别一个物体,只要画笔同心圆中间的十字不超出这个物体的边缘,那么蒙版就限定在这个物体之内。

(2)显示蒙版:蒙版显示出用画笔选取的区域。“蒙版选项”的右侧是拾色器 ,它决定蒙版颜色,默认为白色,如果照片上白色区域很多,容易引起混淆,可以把蒙版颜色改为照片上较少的一种颜色。单击拾色器▭,弹出"拾色器"对话框,如图3-51所示,同时可以调整蒙版颜色的亮度和不透明度。建议选择"颜色表示"选项组中的"受影响的区域"单选按钮,这样实际操作中比较方便。

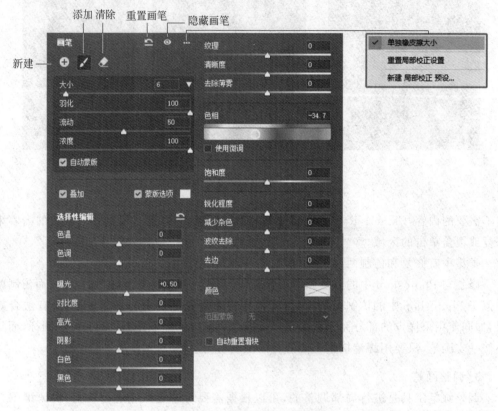

图3-50　调整画笔工具选项

图3-51　"拾色器"对话框

（3）大小：调整画笔工具下的鼠标指针是中心有十字的两个同心圆,调整"大小"滑块,可以改变内部实线同心圆的大小,可以把它理解为画笔的大小。

（4）羽化：可以改变外部虚线同心圆的大小，也就是调整画笔的硬度。数值越大，笔刷边缘越柔软，数值越小，笔刷边缘越僵硬，过渡越不自然。

（5）流动：控制笔刷涂抹作用的强度，流量越大笔刷作用越明显。

（6）浓度：表示用画笔涂抹的透明程度，其他参数不变的情况下，浓度值越小，笔刷越透明。

精心涂抹出蒙版之后就可以用面板中的调整控件单元进行调整，调整时不能勾选"显示蒙版"复选框，否则不管如何拉动各个控件滑块，白色蒙版区域都看不到任何变化。

（7）颜色：控件可以为照片涂抹一层透明颜色。单击"颜色"右侧的色块⊠，会弹出"拾色器"对话框，如图 3-52 所示。可以用吸管在色谱上单击设定颜色，也可以用"色相"和"饱和度"控件设定颜色。改变"色相"的数值，可以决定取样点在色谱中的左右位置，0 是最左端，数字增长，取样点右移，最大数值是 359，也就是一个完整圆周的角度，所以色谱的左右两端都是 0。"饱和度"决定取样点的上下位置，数值为 0 时为白色，数值为 100 时色彩最饱和。选择"拾色器"右下方的 5 个小方块，按住 Alt 键，可以把所选颜色预存。

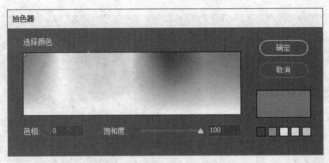

图 3-52　颜色"拾色器"对话框

【案例 3-3】　风景照片处理。

（1）打开"素材\第 3 章\风景.jpg"素材图片文件，并将其另存为"风景.psd"。

（2）按 Ctrl＋J 组合键复制背景图层，得到"背景 拷贝"图层，右击，在弹出的快捷菜单中选择"转化为智能对象"命令。选择"滤镜"|Camera Raw 命令，打开"Camera Raw 滤镜"对话框。选择"调整画笔"工具，单击"创建新调整"按钮➕，使用画笔在图像木栈道上涂抹（勾选"自动蒙版"复选框，自动识别画笔首先接触的物体），如图 3-53 所示。

💡提示：在使用画笔涂抹时勾选"蒙版选项"复选框，在设置参数时取消勾选"蒙版选项"复选框，可以看到调整的结果。

（3）取消勾选"蒙版选项"复选框，设置"饱和度"选项数值为－100，设置"清晰度"选项数值为＋100，得到如图 3-54 所示效果。

（4）单击"创建新调整"按钮➕，单击"重

图 3-53　涂抹木栈道

置局部校正设置"按钮，使用画笔在图像天空上涂抹，设置"色温"数值为－50，效果如图 3-55 所示。

图 3-54　木栈道修改效果

图 3-55　修改天空效果

（5）单击"创建新调整"按钮⊕，勾选"蒙版选项"复选框，单击"重置局部校正设置"按钮，使用画笔在图像的树上涂抹，效果如图 3-56 所示。调整"饱和度"数值为＋100，"锐化程度"数值为＋100，使树木看起来更立体，最后效果如图 3-57 所示（参考"答案\第 3 章\案例 3-3-风景.psd"源文件）。

4. 渐变滤镜

与 Photoshop 中渐变工具作用相同，渐变滤镜的颜色、强度等均可在右侧出现的选项框中变化，但渐变样式只能是自起点至终点由强到弱改变。

选择红点或绿点并拖动，可以改变渐变线长短和方向；选择渐变线可以移动渐变线，按住 Alt 键，用鼠标按住渐变线，出现小剪刀，可以移除渐变线。

在同一照片中可以应用多个渐变滤镜。

图 3-56　涂抹树木效果

图 3-57　最后效果

5. 径向滤镜

使用径向滤镜工具可以在需要处理的主体周围绘制椭圆形状选区，对该形状所选中的区域（内或外）可进行多项参数的调整，如颜色、曝光度、清晰度等。

6. 消除红眼

这个工具与 Photoshop 中的去红眼工具作用完全一致，用于去除因使用闪光拍摄人像所造成的红眼，在图片的眼珠上拉一个矩形即可轻松去除红眼。

7. 预设

在 Camera Raw 中利用预设好的工具和调整图像选项对图像进行多项调整，使设计师的工作更方便快捷。

8. 缩放工具

选择该工具在图像上单击，将以单击处为中心点放大图像，按住 Alt 键并单击图像，将以单击处为中心点缩小图像。也可以在任何工具状态下使用组合键（Ctrl＋空格）并单点放大图像，按住 Alt＋空格键单击，则缩小图像，这与 Photoshop 的快捷键是一致的。

9. 抓手工具

抓手工具的作用主要是用来移动照片。当放大的照片超过界面时，用抓手工具移动照片到合适的位置，这样便于对照片进行更精确的处理。

10. 取样器叠加

颜色取样器就是对照片上某个点的位置进行取样提取该点的 RGB 数值，这个工具并不能对照片进行调整处理，其作用是对某个点或某几点进行取样，然后对取样点进行颜色或色温对比使用。在 ACR 中最多可以取 9 个点进行取值和对比，这 9 个点不是固定的，当选取了 9 个点时，不需要的点还可以去掉，再选取其他点进行对比取样。每单击一个点取样时，在照片上都出现一个取样图标，图标的旁边有从 1～9 的数字编号，取样后在照片的上方会标出取样点的 RGB 数值。

在图 3-58 中取 9 个点，照片上方出现了从 1～9 的 9 个取样数值，照片上也有 9 个点取样图标。

图 3-58 取样器

11. 网格

勾选该复选框后，在图像上出现网格，可以通过"网格大小"滑块来调整网格的大小，通过"不透明度"滑块调整网格的透明程度。

3.2.4 液化

"液化"滤镜可以对图像进行收缩、推拉、扭曲、旋转等变形处理，还可以定义扭曲的范围和强度，具有强大的变形图像和创建特殊效果的功能。如图 3-59 所示为"液化"滤镜对话框。

图 3-59　"液化"滤镜对话框

在"液化"滤镜对话框的左侧排列着多种工具,其中包括变形工具、蒙版工具和视图平移缩放工具。

(1) 向前变形工具 : 该工具可以移动图像中的像素,得到变形的效果。

(2) 重建工具 : 在变形区域单击或拖曳鼠标指针进行涂抹时,可以使变形区域的图像恢复到原来的状态。

(3) 顺时针旋转扭曲工具 : 拖曳鼠标指针可以顺时针旋转像素。如果按住 Alt 键进行操作,则可以逆时针旋转像素。

(4) 褶皱工具 : 可以使像素向画笔区域的中心移动,使图像产生内缩效果。

(5) 膨胀工具 : 可以使像素向画笔区域中心以外的方向移动,使图像产生向外膨胀的效果。

(6) 左推工具 : 该工具的使用可以使图像产生挤压变形的效果。使用该工具垂直向上拖曳鼠标指针时,像素向左移动;向下拖动鼠标指针时,像素向右移动。当按住 Alt 键垂直向上拖动鼠标指针时,像素向右移动;向下拖动鼠标指针时,像素向左移动。若使用该工具围绕对象顺时针拖动鼠标指针,可增加其大小;若逆时针拖动鼠标指针,则减小其大小。

(7) 冻结蒙版工具 : 在需要对某个区域进行处理时,可以使用该工具对不希望影响的区域冻结,则该区域将受到保护而不会发生变形。

(8) 解冻蒙版工具 : 使用该工具在冻结区域涂抹,可以将其解冻。

(9) 脸部工具 : 如果打开的图像软件能识别人脸,会自动选择该工具,它对应"属性"选项中"人脸识别液化"选项,可以对人像的"脸型""鼻子""眼睛""嘴唇"进行局部调整,图 3-60(a)为原图,图 3-60(b)是调整后效果(参考"答案\第 3 章\液化.psd"源文件)。

💡 **提示**:如果显示"此图像中未检测到人脸",可以进行如下设置。

(a) 原图　　　　　(b) 处理后的效果

图 3-60　原图和"脸部工具"处理后效果

① 选择"编辑"|"首选项"|"性能"命令，勾选"使用图形处理器"复选框。

② 如果仍不能识别，下载安装测试显卡的软件测试显卡是否支持 OpenCL，测试结果如果支持 OpenCL，则可以尝试安装一个低版本的显卡驱动。安装重启计算机后，再打开 Photoshop，"脸部工具"可能就能使用了。

③ Photoshop 的人脸识别功能只能检测到正面或基本接近正面的人脸，侧脸或背景太杂乱也不能检测到人脸。

(10) 抓手工具👋/缩放工具🔍：这两个工具的使用方法与工具箱中的相应工具完全相同。

在"液化"滤镜对话框的右侧还包括画笔工具选项、视图选项等。

(11) 画笔工具选项：可以设置当前使用的工具的各种属性。

(12) 大小：指定变形工具的影响范围。

(13) 密度：控制画笔边缘的羽化范围。画笔中心产生的效果最强，边缘处最弱。

(14) 压力：控制画笔在图像上产生扭曲的速度，较低的压力适合控制变形效果。

(15) 速率：用来设置重建、膨胀等工具在画面上单击时的扭曲速度，该值越大，扭曲速度越快。

(16) 光笔压力：当计算机配有压感笔或数位板时，勾选该复选框可以通过压感笔的压力来控制工具。

(17) 蒙版选项：如果图像中包含选区或蒙版，可以通过"蒙版选项"来设置蒙版的保留方式，如图 3-61 所示。

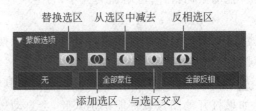

图 3-61　蒙版选项

(18) 替换选区：显示原始图像中的选区、蒙版或透明度。

(19) 添加选区：显示原始图像中的蒙版，以便可以使用"冻结蒙版工具"添加选区。

（20）从选区中减去：从当前的冻结区域中减去通道中的像素。

（21）与选区交叉：只使用当前处于冻结状态的选定像素。

（22）反相选区：使用选定像素使当前的冻结区域反相。

（23）无：单击该按钮，可以使图像全部解冻。

（24）全部蒙住：单击该按钮，可以使图像全部冻结。

（25）全部反相：单击该按钮，可以使冻结区域和解冻区域反相。

（26）视图选项：主要用来显示或隐藏图像、网格和背景，还可以设置网格的大小和颜色、蒙版的颜色、背景模式以及不透明度。

（27）显示图像：勾选该复选框后，可在预览区中显示图像。

（28）显示网格：勾选该复选框后，可在预览区中显示网格，使用网格可帮助查看和跟踪扭曲。可以选取网格的大小和颜色，也可以存储某个图像中的网格并将其应用于其他图像。

（29）显示蒙版：勾选该复选框后，可以在冻结区域显示覆盖的蒙版颜色。在调整选项中，可以设置蒙版的颜色。

（30）显示背景：可以选择只在预览图像中显示现用图层，也可以在预览图像中将其他图层显示为背景。

（31）重建：单击该按钮，可对图像应用重建效果一次，单击多次，即可对图像应用多次重建效果。

（32）恢复全部：单击该按钮，可以去除扭曲效果，就算是冻结区域中的扭曲效果同样会被去除。

3.2.5　消失点

使用"消失点"滤镜，可以在包含透视平面（如建筑物侧面或任何矩形对象）的图像中进行透视校正编辑。通过使用消失点，可以在图像中指定平面，然后应用诸如绘画、仿制、复制或粘贴以及变换等编辑操作，如图 3-62 所示为"消失点"对话框。

图 3-62　"消失点"对话框

（1）编辑平面工具：用来选择、编辑、移动平面的节点，以及调整平面大小。

（2）创建平面工具：用于透视平面的 4 个角节点。在页面中，在需要处理的图像中设置 4 个节点，可以对节点进行移动、缩放等操作，或者按住 Ctrl 键，拖曳边节点，也能拉出一个垂直页面。使用 Backspace 键,可以删除节点。

（3）选框工具：能在创建好的透视平面上绘制选区,从而选中平面上的某个区域。拖曳鼠标,直接拉出选区;将鼠标指针放在选区内,按住 Alt 键,拖曳选区,即可复制图像;按住 Ctrl 键,拖曳选区,即可用源图像填充该区域。

【案例 3-4】　给包装盒贴图。

① 打开"素材\第 3 章\盒子.jpg"素材图片文件,并将其另存为"包装盒.psd"。

② 选择"滤镜"|"消失点"命令,打开"消失点"对话框。使用"创建平面工具",在如图 3-63 所示位置绘制一个四边形。

③ 拖动图 3-63 中圆框处的点,往箭头方向拖动,然后再修改角点,使创建的平面覆盖上面的面,如图 3-64 所示。

图 3-63　创建第一个平面

图 3-64　创建第二个平面

④ 拖动图 3-64 中圆框处的点,往箭头方向拖动,然后再修改角点,使创建的平面覆盖侧面的面,如图 3-65 所示。单击"确定"按钮。

⑤ 打开"素材\第 4 章\樱花.jpg"素材图片文件,按 Ctrl+A 组合键全选,再按 Ctrl+C 组合键复制图像,回到"包装盒"文档,新建图层,自动生成为"图层 1"。选择"滤镜"|"消失点"命令,打开"消失点"对话框,按 Ctrl+V 组合键把樱花粘贴过来,如图 3-66 所示。

图 3-65　创建第三个平面

图 3-66　粘贴的图像

⑥ 使用"变换工具"把复制过来的樱花图像拖到绘制的框中,并移动位置,效果如图 3-67 所示。

⑦ 设置"图层 1"混合模式为"正片叠底",新建"图层 2",然后打开"消失点"对话框。使用相同的方法,绘制盒子底部两个平面,再按 Ctrl＋V 组合键把樱花图像粘贴过来;使用"变换工具"把复制过来的樱花图像拖到绘制的框中,调整大小和位置,如图 3-68 所示。

图 3-67　粘贴后的透视效果

图 3-68　盒子下部贴图效果

⑧ 设置"图层 2"混合模式为"正片叠底",效果如图 3-69 所示(参考"案例 3-4-包装盒贴图.psd"源文件)。

图 3-69　最终效果

(4) 图章工具:与工具箱中的图章工具一样,只是在"消失点"中会根据透视来进行复制。如图 3-70 所示为使用"创建平面工具"绘制一个根据木地板透视的平面,再使用"图章工具"在框内涂抹,可以得到如图 3-71 所示效果(参考"源文件\第 3 章\消失的狗.jpg")。

(5) 画笔工具:使用"画笔工具"会根据绘制的平面透视产生近大远小的效果。

图 3-70　创建平面

图 3-71　使用"图章工具"效果

3.3　综合应用举例

3.3.1　画框效果

【**案例 3-5**】　使用粗糙蜡笔设计画框效果。为如图 3-72 所示的素材图片设计制作画框效果,如图 3-73 所示。

图 3-72　原图　　　　　　　　　　　　　图 3-73　画框效果

　　首先添加素材图片中的画框,再选择"滤镜"|"滤镜库"|"艺术效果"|"粗糙蜡笔"命令,其次选择"滤镜库"|"纹理"|"纹理化"命令,以增强在画布上绘画的效果,最后设置画框的浮雕效果。

　　操作步骤如下。

　　(1) 打开"素材\第 3 章\画框.jpg"素材图片文件,并将其另存为"画框.psd"。

　　(2) 使用"矩形选框工具"选择画框画芯部分,如图 3-74 所示。按 Ctrl+J 组合键复制选区。

　　(3) 置入"素材\第 3 章\鹦鹉.jpg"素材图片文件,调整大小和位置到画芯处,按住 Alt 键单击"鹦鹉"和"图层 1"图层中间,使"鹦鹉"图层作为剪贴蒙版到"图层 1"图层中,如图 3-75 所示。

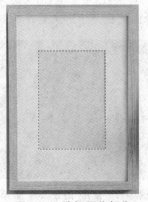　　　　　

图 3-74　选择画芯部分　　　　　　　　　图 3-75　调整"鹦鹉"大小

（4）选择"滤镜"|"滤镜库"|"艺术效果"|"粗糙蜡笔"命令，打开"粗糙蜡笔"对话框。设置"纹理"为粗麻布，参数如图 3-76 所示，然后单击"确定"按钮。

图 3-76　设置"粗糙蜡笔"参数

（5）选择"滤镜"|"滤镜库"|"纹理"|"纹理化"命令，打开"纹理化"对话框。设置参数如图 3-77 所示，然后单击"确定"按钮。

图 3-77　设置"纹理化"参数

（6）选择"图层 1"，单击"图层"面板上"添加图层样式"按钮，从弹出的菜单中选择"斜面和浮雕"命令，在打开的对话框中设置"斜面和浮雕"参数，如图 3-78 所示。

（7）单击"确定"按钮，效果如图 3-79 所示。保存文件（参考"答案\第 3 章\案例 3-5-粗糙蜡笔画框.psd"源文件）。

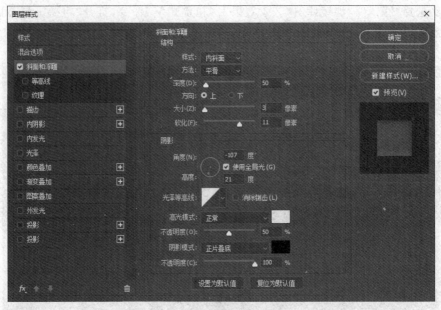

图 3-78 设置"斜面和浮雕"参数

图 3-79 画框效果

3.3.2 扇子效果

【案例 3-6】 使用给定的扇面制作扇子。绘制扇架,使用给定的扇面素材图片制作扇子,效果如图 3-80 所示。

首先使用选框工具和"变换选区"命令、"填充"命令和"自由变换"命令制作扇架,再对素材图片"扇面"使用"编辑"|"变换"|"变形"命令制作扇面,最后制作扇架外柄和扇钉,并通过"斜面和浮雕"效果增强扇子的真实感。

操作步骤如下。

(1) 新建一个文件 4-80.psd,并设置宽度×高度为 1 000 像素×600 像素,分辨率为 72 像素/英寸,颜色模式为 RGB 颜色,背景内容为白色。

（2）新建"图层 1"，使用工具箱中的矩形选框工具绘制一个矩形，然后在选区内右击，从弹出的快捷菜单中选择"变换选区"命令，如图 3-81 所示。按住 Ctrl 键斜切选区，调整选区下方，使之变窄，如图 3-82 所示，然后按 Enter 键确认。单击工具箱中的"椭圆选框工具"，并在工具选项栏中单击"添加到选区"按钮，然后在矩形选区下方绘制一个椭圆选区，使矩形下方圆滑，如图 3-83 所示。设置前景色为"♯ad8667"，并按 Alt＋Delete 组合键填充前景色，如图 3-84 所示。

图 3-80　扇子效果

图 3-81　"变换选区"命令菜单

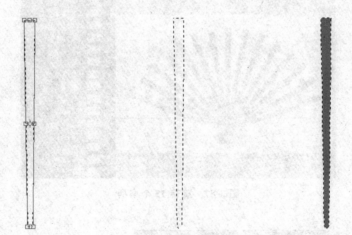

图 3-82　斜切选区　　　图 3-83　绘制选区下方　　　图 3-84　填充选区

（3）按 Ctrl＋D 组合键取消选区。按 Ctrl＋J 组合键复制图层，并按 Ctrl＋T 组合键，再按住 Shift 键移动中心点，如图 3-85 所示。设置工具选项栏中的旋转角度为 10 度，效果如图 3-86 所示。然后按 Enter 键确认，得到旋转后的扇柄。

（4）按 Shift＋Alt＋Ctrl＋T 组合键，复制并旋转图层，共得到 15 个扇柄图层；然后按住 Shift 键，同时选中这些图层，再按 Ctrl＋T 组合键，移动旋转中心到如图 3-87 所示的位置，将指针放置在顶角控制点外侧，旋转 15 个扇柄。为了能看到整体效果，可以通过"导航器"适当缩小图像的显示比例，直到扇柄形成的扇架左右对称（可以利用参考线），如图 3-87 所示。

（5）按 Enter 键确认得到的扇架。合并"图层 1"到"图层 1 副本 14"，重命名为"扇架"。打开素材图片"扇面.jpg"，并按 Ctrl＋A 组合键将其全选，按 Ctrl＋C 组合键复制，然后关闭素材图片。在新文档窗口中按 Ctrl＋V 组合键粘贴，此时"图层"面板上会自动生成"图层 2"，调整"图层 2"的"不透明度"为 60％。选择"编辑"|"变换"|"变形"命令，并拖动控制点，调整扇面使之覆盖扇架，如图 3-88 所示。

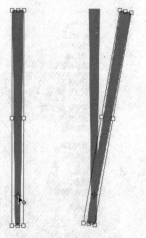

图 3-85　移动旋转中心

图 3-86　旋转 10 度

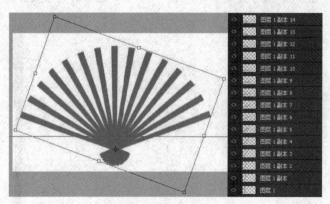

图 3-87　旋转 15 个扇柄

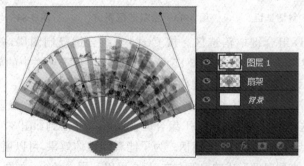

图 3-88　调整扇面

（6）按 Enter 键确认调整后的扇面。单击工具箱中的"钢笔工具"，分别在扇面的三个位置单击，确定锚点，如图 3-89 所示。使用工具箱中的"转换点工具"在中间锚点上拖动，得到平滑的弧形，如图 3-90 所示。

图 3-89　绘制锚点

图 3-90　绘制平滑弧形

（7）在文档空白处单击，确认路径。设置前景色为黑色，画笔"大小"为 10px，"硬度"为 100％，然后单击"路径"面板上的"用画笔描边路径"按钮 ◯ ，为扇面添加黑边。单击"路径"面板上的"将路径作为选区载入"按钮 ○ ，取消选区，如图 3-91 所示。

（8）新建一个"图层 3"，再绘制一根扇子外柄，如图 3-92 所示，并将其填充为深棕色（＃572701）。取消扇子外柄的选区，降低其中心点并旋转，使之与扇架最右边的扇柄对齐，如图 3-93 所示。按 Enter 确认得到的扇子外柄，并单击"图层"面板上的"添加图层样式"按钮，从弹出的菜单中选择"斜面和浮雕"命令，为图层添加斜面和浮雕效果，以增加扇架的真实感，如图 3-94 所示。

图 3-91　用黑色描边扇面

图 3-92　绘制扇子外柄

图 3-93　旋转扇子外柄

图 3-94　添加浮雕效果

（9）新建"图层 4"，制作扇钉。选择工具箱中的椭圆选框工具，在扇架的旋转点处绘制一个小圆，并将其填充由白色到灰色径向渐变；然后单击"图层"面板上的"添加图层样式"按钮，从弹出的菜单中选择"斜面和浮雕"命令，为图层添加斜面和浮雕效果，以增加扇钉的真实感，如图 3-95 所示。

图 3-95　绘制扇钉

（10）调整"图层 2"的"不透明度"为 80％，以增强扇子的真实感。

（11）在"图层"面板上单击"扇架"图层，然后单击"图层"面板上"添加图层样式"按钮，从弹出的菜单中选择"斜面和浮雕"命令，为图层添加斜面和浮雕效果，以进一步增加整个扇子的真实感，如图 3-96 所示。

图 3-96　添加扇架的斜面和浮雕效果

（12）保存文件（参考"答案\第 3 章\案例 3-6-扇面.psd"源文件）。

相关知识

外挂滤镜往往是由一些小公司开发的用来实现图像的各种特殊效果的程序，有的可以单独运行，有的需要加载到 Photoshop 中才能运行。

与 Photoshop 内部滤镜不同的是，外挂滤镜需要用户自己动手安装。安装外部滤镜的方法有两种：一种是对于进行了封装的，可以让安装程序安装的外挂滤镜在安装时选择 Photoshop\PlugIns 目录即可，下次进入 Photoshop 后便可以使用；另外一种是直接将该滤镜文件及其附属的一些文件复制到 Photoshop\PlugIns 目录下即可。

常用的外挂滤镜有 KPT、Eye Candy400、Xenofex 等，不同的滤镜有不同的特长，用户可以根据需求下载外挂滤镜。

思考与练习

一、选择题

1. 使用"图层"面板中的( )按钮可以为当前图层或选区添加投影、浮雕等特殊效果。

  A. 添加图层样式   B. 添加图层蒙版

  C. 创建图层组   D. 创建新的填充图层或调整层

2. 在打开的图像窗口的名称栏部分不显示( )信息。

  A. 图像文件的名称   B. 图像当前显示大小的百分比

  C. 图像的容量   D. 图像当前选中的图层名称

3. 下面对于高斯模糊叙述正确的是( )。

  A. 可以对一幅图像进行比较精细的模糊

  B. 对图像进行很大范围的调整,产生区间很大的各种模糊效果

  C. 使选区中的图像呈现出一种拍摄高速运动中的物体的模糊效果

  D. 用于消除图像中颜色明显变化处的杂色,使图像变得柔和

4. Photoshop 中要重复使用上一次用过的滤镜,应按的组合键是( )。

  A. Ctrl+F   B. Alt+F

  C. Ctrl+Shift+F   D. Alt+Shift+F

二、设计制作题

1. 使用给定的素材图片(素材\第 3 章\练习素材\光盘.jpg)设计光盘封面,效果如图 3-97 所示(参考"答案\第 3 章\练习答案\3-1.psd"源文件)。

2. 使用给定的三张素材图片(素材\第 3 章\练习素材\相册.jpg、照片 1.jpg、照片 2.jpg)设计相册封面和相框,效果如图 3-98 所示(参考"答案\第 3 章\练习答案\3-2.psd"源文件)。

图 3-97　光盘封面效果

图 3-98　相册封面和相框效果

文字设计制作

文字在作品中不仅能起到传递信息的作用,还可以在版面中起到装饰的作用,是设计作品时不可缺少的元素。Photoshop CC 可以方便、灵活地创建和编辑文字。将文字栅格化后,可以得到多种文字特效,以满足不同图像添加特定文字的要求。

学习目标

(1)熟练掌握文字的创建和编辑。

(2)熟悉文字图层的特性和使用方法。

(3)熟练掌握变形文字的编辑。

(4)掌握特效文字的编辑方法。

(5)熟练掌握段落文本的编辑。

(6)熟悉蒙版文字和路径文字。

4.1 创建文字

4.1.1 文字工具

Photoshop 的文字工具功能强大,可以编辑文字的字体、字号、颜色、字间距、行间距和段落文本,并可以对文字进行缩放、旋转、变形操作,还可以对文字进行填充、描边等操作。将文字栅格化为位图,就可以对文字应用滤镜效果,从而得到多种特效文字。

Photoshop 的文字工具包括 4 种,如图 4-1 所示,右侧字母 T 为文字工具的快捷键。使用这些工具可以在图像中创建文字或者文字蒙版,并编辑文字。

在文字工具选项栏中可以设置文字的格式,如图 4-2 所示为横排文字工具选项栏。

图 4-1　文字工具

图 4-2　横排文字工具选项栏

单击"切换字符和段落面板"按钮，打开相应的面板，对字符和段落进行设置。

4.1.2　文字类型

Photoshop 创建的文字分为点文本和段落文本。两种文本方式可以相互转换，在"图层"面板上选中当前文本图层，选择"图层"|"文字"|"转换为段落文本"或"转换为点文本"命令可以实现转换，或者直接在"图层"面板上当前文本图层右击，在快捷菜单中选择"转换"命令。

1. 点文本

点文本是在某点输入文字，用于输入少量文字，为水平或垂直文本行。每行文本都是独立的，文本不会自动换行，可通过 Enter 键换行。选择横排或直排文字工具后光标显示 [I] 或 [干] 形。在窗口中单击，出现闪烁的插入点，输入横排文字，如图 4-3 所示。输入完毕，可以单击文字工具选项栏中的"提交所有当前编辑"按钮 ✔，或者单击工具箱中的其他工具按钮，确认所输入的文字。如放弃输入的文字，单击"取消所有当前编辑"按钮 🚫 或按 Esc 键。

横排点文本与直排点文本可以通过选项栏中的按钮 [T] 来改变输入文字的方向，如图 4-4 所示为直排点文本效果。

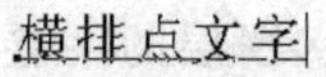

直
排
点
文
字

横排点文字|

图 4-3　输入横排文字 　　　　　　　　图 4-4　直排点文本效果

使用文字工具时会自动新建一个文字图层，打出来的文字后期可以任意修改。使用文字蒙版工具输入时会带有红色的快速蒙版，当切换到其他工具时文字会直接转化为选区，同时也不会新建图层，如图 4-5 所示。

PHOTOSHOP　PHOTOSHOP

图 4-5　文字蒙版工具

2. 段落文本

当要创建一个或多个段落时，就要应用段落文本，选择文字工具后光标呈 [I] 或 [干] 形状显示时，在窗口中拖动绘制一个文本边界框，并在其中输入文本，当文本达到框边缘时会自动换行，如图 4-6 所示。

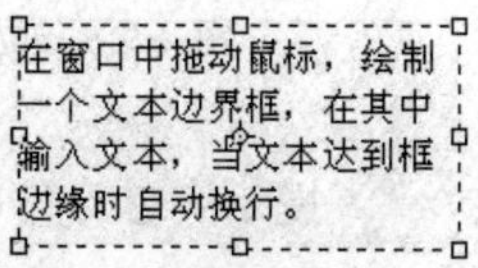

在窗口中拖动鼠标，绘制一个文本边界框，在其中输入文本，当文本达到框边缘时自动换行。

图 4-6　编辑段落文本

　　拖动边界框,可以调整框的大小,文字会在调整后的框内重新排列。当光标放在边界框外时,出现旋转标志,按下鼠标左键可以旋转边界框,文本会一起旋转,如图 4-7 所示。也可以在"图层"面板上选中当前文本图层时,通过"编辑"菜单中的"自由变换"或"变换"命令实现文本的缩放、旋转或变形。

　　要创建固定大小的段落文本的边界框,可以按住 Alt 键,并在窗口中单击,打开如图 4-8 所示的对话框,设置边界框的宽度和高度。

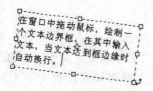

图 4-7　旋转段落边界框

图 4-8　"段落文字大小"对话框

　　直观地判断当前文字类型的方法是,如果用文字工具在文字上单击,有文本框显示,表示此文本是段落文字,没有文本框显示,则表示是点文本。

4.1.3　文字图层

　　当创建文字时,"图层"面板中会自动建立一个新的文字图层,其图层缩览图为灰底白色 T,如图 4-9 所示。

　　创建文字图层后,可以编辑文字并对其应用图层命令,这种编辑为矢量变化,不影响文字效果和清晰度,但不能添加滤镜等效果。

　　在文字图层上右击,弹出的快捷菜单中列出了文字图层的一些常用操作命令,如图 4-10 所示。

图 4-9　被选中的文字图层

图 4-10　文字图层快捷菜单

　　提示:想要同时修改几个文字图层的属性,如字体、颜色、大小等,只要将需修改的图层按住 Shift 键关联到一起,再进行属性修改即可。

4.1.4　设置文字属性

1. 字符属性栏

文字工具选项栏中的许多命令都可以在"字符"面板中设置,如图 4-11 所示。

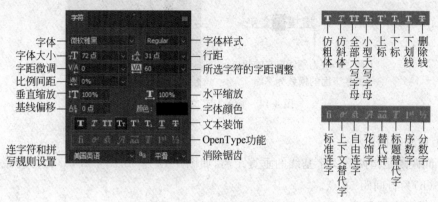

图 4-11　"字符"面板

提示:为什么 OpenType 选项为灰色? 如图 4-12 所示,在"字符"面板的字体列表中,位于字体名称左侧的如果是 ⓞ 图标,则表示这是一个 OpenType 字体,如果是 ⓣ 图标则表示是 TrueType 字体。确保所选择的是 OpenType 字体,然后单击"字符"面板右上方的菜单按钮 ☰,观察在出现的菜单中 OpenType 选项是否可用,如图 4-13 所示为选择的"黑体"是 OpenType 字体,但菜单中的 OpenType 显示灰色,说明"黑体"并没有提供特殊特征,那么 OpenType 选项就不可用。

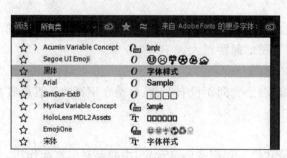

图 4-12　字体列表

图 4-13　"字符"面板菜单

1) 设置字体大小和基线偏移

选择文字工具后,可以先在工具选项栏或"字符"面板中设置文字的相关参数,如字体、字号、颜色等,再输入文字;也可以先输入文字,再选中要改变格式的文字进行设置,如图 4-14 所示为输入 20 点的宋体文字,选中"点"字,调整字体大小为 30 点,并相对基线偏移 10 点。

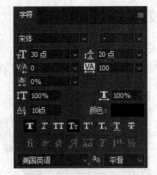

横排点文字

黑色小块为基线原来的起点
文字下面的横线为基线

图 4-14 输入"点"文字并设置

2）设置行间距

行间距是指两行文字基线的垂直距离,如图 4-15 所示,图 4-15(a)为行间距 20 点,图 4-15(b)为行间距 50 点。

3）设置字符间距

字符间距调整是加宽或缩小字符之间的距离。图 4-16 所示为选中段落文本的不同字符间距设置。

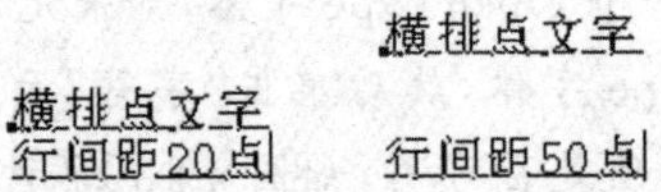

横排点文字

横排点文字
行间距20点　　　行间距50点

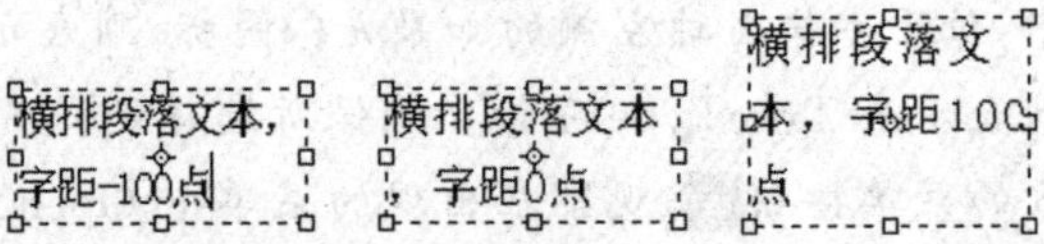

横排段落文本,字距-100点　　横排段落文本字距0点　　横排段落文本,字距100点

(a) 行间距20点　　(b) 行间距50点　　(a) 字距-100点　　(b) 字距0点　　(c) 字距100点

图 4-15 行间距设置　　　　**图 4-16 设置字符间距**

4）比例间距

设置所选字符的比例间距。在该选项的下拉列表中可以选择预设的字距调整值,也可以在其文本框输入数值,数值越大字符的间距越大。

5）垂直缩放和水平缩放

对所选字符进行垂直或水平的缩放,字符间距没有变化,而是在字符的垂直或者水平方向进行缩放。

6）连字符和拼写规则设置

用于对所选字符进行有关联字符和拼写规则的语言设置,主要是对引文起作用。

7）消除锯齿

为文字消除锯齿的一种方法。Photoshop 会通过部分填充边缘像素,来产生边缘平滑的文字,使文字的边缘混合到背景中而看不出锯齿。

2. 段落设置

"段落"面板中可设置段落的多个属性,如图 4-17 所示。

1）设置段落对齐方式

段落文本的对齐方式有左对齐、居中对齐和右对齐 3 种,如图 4-18 所示。文本最后一行的对齐方式有左对齐、居中对齐、右对齐和两端对齐 4 种，如图 4-19 所示。

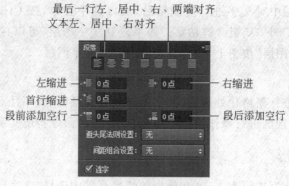

图 4-17 "段落"面板

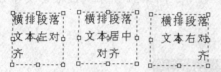

图 4-18 段落文本对齐方式

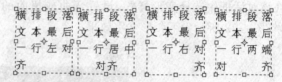

图 4-19 段落文本最后一行对齐方式

2）段落缩进

段落缩进是指段落文字和文字边框之间的距离，或者是段落首行缩进的文字距离。进行段落缩进处理时，只会影响选中的段落区域，因此可以对不同段落设置不同的缩进方式和间距。

3）段落间距

段落间距是指当前段落与上下段之间的距离。进行段落间距处理时，只会影响选中的段落区域。

4）连字

连字符是在每一行末端断开的单词之间添加的标记。在将文本强制对齐时，为了对齐的需要，会将某一行末端的单词断开至下一行。

💡 **提示**：控制文本的常用热键。

（1）将文本字距微调：Ctrl＋Alt＋←/→。

（2）将所选中文本的文字缩放：Ctrl＋shift＋＜/＞。

（3）调整选中文本相对基线的上下位置：Alt＋shift＋↑/↓。

4.1.5 文字操作

1. 移动文字

文字输入完成，提交确认后，如果要调整文字在窗口中的位置，最简单的调整方法是把工具切换到移动工具，然后用它拖曳文字。"拖"完之后，如果位置还不够精确，可再用上下左右方向键进行细微调节。

2. 复制粘贴文字

如果在同一图层中对文字进行复制粘贴,可以选中文本,按 Ctrl＋C 组合键进行复制,确定插入点,按 Ctrl＋V 组合键粘贴。如果复制文字图层,可以在"图层"面板上拖动文字图层到"创建新图层"按钮上,会得到相同内容的文字图层。

3. 栅格化文字

当对文字图层进行栅格化处理后,文字不再具有矢量轮廓,并且不能再作为文字进行编辑,但可以按位图选区进行操作,应用"填充"或"滤镜"命令实现文字的特效。

4.1.6　文字变形

在"图层"面板文字图层上右击,在弹出的快捷菜单中选择"文字变形"命令,或者单击文字工具选项栏中的"创建文字变形"按钮，打开"变形文字"对话框,如图 4-20 所示。在该对话框中选择变形样式,设置弯曲或扭曲的参数等。图 4-21 所示为波浪形文字效果,图 4-22 所示为下弧形文字效果。

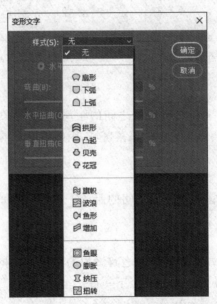

图 4-20　"变形文字"对话框

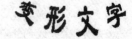

图 4-21　波浪形文字效果　　　　　　　图 4-22　下弧形文字效果

提示:不能对设置了仿粗体的文字应用变形效果。

4.1.7　文字字体

有时 Windows 系统自带的字体不能满足用户要求,用户可以从网上下载字体并添加到计算机中。

1. 系统添加字体

从网上下载的字体一般是压缩包文件，首先把字体解压出来，复制字体文件.ttf，然后直接粘贴到 C:\Windows\Fonts 文件夹中。

2. Windows 10 系统安装字体

解压得到字体.ttf 文件，选择要添加到系统的字体，右击，在打开的快捷菜单中选择"安装"命令，如图 4-23 所示。安装后字体文件保存在系统盘的"Fonts（字体）"文件夹中。

图 4-23　"安装"字体

3. Windows 10 系统安装字体的快捷方式

（1）双击"此电脑"图标，在 C:\Windows\Fonts 文件夹下找到左侧的"字体设置"选项，打开"字体设置"窗口，勾选"允许使用快捷方式安装字体（高级）"复选框，如图 4-24 所示，然后单击"确定"按钮保存设置。

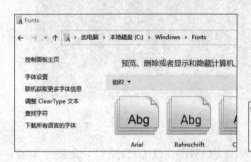

图 4-24　字体设置

（2）选择字体文件，右击，在打开的快捷菜单中选择"作为快捷方式安装"命令，如图 4-25 所示。安装后字体文件的快捷方式保存在 Fonts 文件夹中，字体文件仍保存在原位置。

图 4-25　安装字体的快捷方式

4.2　特效文字

可以像处理图像区域一样，对文字使用滤镜、图层样式、蒙版及其他图像处理工具进行各种操作，制作出与图像融为一体的特殊效果，给画面增强活力，并起到画龙点睛的作用。

4.2.1 半立体效果文字

【**案例 4-1**】 制作"WELCOME TO CHINA"字体。为"WELCOME TO CHINA"字体制作半立体效果,如图 4-26 所示。制作 3D 折页效果文字,需要用到"消失点"工具,再配合创建图片剪贴蒙版来完成效果。

操作步骤如下。

(1) 新建一个 Photoshop 文件,默认宽度×高度为 16 厘米×12 厘米,分辨率为 300dpi。

(2) 使用渐变工具打开"渐变编辑器"对话框,在预设的"粉彩"选项中选择"粉彩_01"渐变预设,并在文档中从左往右拖动,产生如图 4-27 所示效果。

图 4-26　半立体效果图　　　　　　　　　　图 4-27　"渐变工具"效果

(3) 使用横排文字工具在文档中输入"WELCOME TO CHINA",设置字体为 Impact,大小为 100 点,字间距为 88 点,勾选"仿粗体"和"全部大写字母"复选框,效果如图 4-28 所示,设置如图 4-29 所示。按 Ctrl+A 组合键全选,按 Ctrl+C 组合键复制,然后隐藏文字图层。

(4) 创建新图层,选择"滤镜"|"消失点"命令,打开"消失点"对话框,并创建两个平面,修改控制点使其为黄色或蓝色框,如图 4-30 所示。

图 4-28　添加文字效果　　　　　　　　　　图 4-29　"字符"面板

图 4-30 创建"消失点"控制面

（5）按 Ctrl＋V 组合键粘贴，移动到两个平面中，按 Ctrl＋T 组合键调整大小和位置，效果如图 4-31 所示，单击"确定"按钮。

图 4-31 粘贴文字效果

（6）打开"素材\第 4 章\天坛.jpg"素材图片文件，使用"矩形选框工具"（M）选择建筑的主体，如图 4-32 所示。回到原文档中，新建图层，打开"消失点"对话框。按 Ctrl＋V 组合键粘贴，移动到左边平面中，按 Ctrl＋T 组合键调整大小和位置，效果如图 4-33 所示，单击"确定"按钮。

（7）打开"素材\第 4 章\角楼.jpg"素材图片文件，使用"矩形选框工具"（M）选择建筑的主体，如图 4-34 所示。回到原文档中，新建图层，打开"消失点"对话框。按 Ctrl＋V 组合键粘贴，移动到左边平面中，按 Ctrl＋T 组合键调整大小和位置，效果如图 4-35 所示，单击"确定"按钮。

（8）按住 Ctrl 键，选择"图层 2"和"图层 3"，在图层上右击，选择"创建剪贴蒙版"命令，如图 4-36 所示，得到的效果如图 4-37 所示。

图 4-32　选择主体 1　　　　　　　　图 4-33　粘贴图片效果 1

图 4-34　选择主体 2　　　　　　　　图 4-35　粘贴图片效果 2

图 4-36　创建剪贴蒙版　　　　　　　图 4-37　创建剪贴蒙版效果

（9）新建图层，使用矩形选框工具选择左边一半，使用画笔工具绘制如图 4-38 所示效果，设置图层透明度为 50%。

（10）按 Ctrl＋Shift＋I 组合键反选，使用画笔工具绘制如图 4-39 所示效果，设置图层透明度为 30%。

图 4-38　绘制白色效果

图 4-39　绘制黑色效果

（11）按 Ctrl＋D 组合键取消选区，最终效果如图 4-40 所示。选择"文件"|"存储为"命令，打开"存储为"对话框，并将其保存为"半立体效果文字.psd"（参考"答案\第 4 章\案例 4-1-半立体效果文字.psd"源文件）。

图 4-40　最终效果

4.2.2　发光文字

【**案例 4-2**】　制作发光文字效果。设计制作发光感文字，如图 4-41 所示。

图 4-41　发光感文字效果

对文字图层添加"内发光""外发光""高斯模糊"等效果,来增加文字的特效。

操作步骤如下。

(1) 打开"素材\第 4 章\墙.jpg"素材图片文件,并将其另存为"发光字.psd"。

(2) 右击背景图层,在弹出的快捷菜单中选择"转化为智能对象"命令。选择"滤镜"|Camera Raw 命令,打开"Camera Raw 滤镜"对话框。选择"编辑"组中的"黑白"选项,设置"晕影"数值为-100,设置"样式"为"高光优先","中点"为 14,"圆度"为+100,"羽化"为 100,"高光"为 0,如图 4-42 所示,"晕影"效果如图 4-43 所示。

图 4-42　设置"晕影"参数

图 4-43　"晕影"效果

(3) 选择横排文字工具,输入文字"欢迎光临",设置字体为黑体,大小为 150 点,颜色为♯00ffff,效果如图 4-44 所示。

(4) 复制文字图层,给"欢迎光临 拷贝"图层添加图层样式,设置"内发光","混合模式"为线性光,"不透明度"为 84%,"杂色"为 0,"颜色"为白色,"阻塞"为 0,"大小"为40 像素,"等高线"为第二个,"范围"为 50%,如图 4-45 所示。

图 4-44　输入文字效果

图 4-45　"内发光"参数设置

(5) 设置"外发光","混合模式"为"滤色","不透明度"为 60%,"杂色"为 0,"颜色"为♯00d2ff,"扩展"为 0,"大小"为 70 像素,如图 4-46 所示,单击"确定"按钮。

(6) 复制"欢迎光临 拷贝"图层,为"欢迎光临 拷贝 1"图层取消"内发光",设置"外发光","混合模式"为"滤色","不透明度"为 100%,"杂色"为 0,"颜色"为♯31d2f4,"扩展"
为 0,"大小"为 38 像素,如图 4-47 所示,单击"确定"按钮。

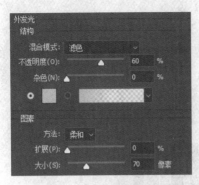

图 4-46　"外发光"参数设置 1

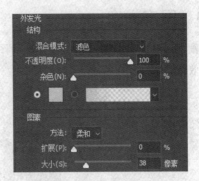

图 4-47　"外发光"参数设置 2

（7）复制"欢迎光临"文字图层,并移动到"欢迎光临"图层之下,右击,在弹出的快捷
菜单中选择"转化为智能对象"命令,选择"滤镜"|"模糊"|"高斯模糊"命令,设置"半径"为
250 像素,如图 4-48 所示。

（8）复制两次"欢迎光临 拷贝 2"图层,图层顺序如图 4-49 所示。

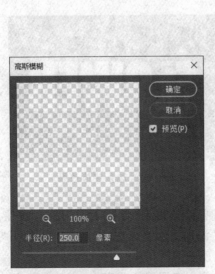

图 4-48　"高斯模糊"参数设置

图 4-49　图层顺序

（9）在图层最上方新建一个"色相/饱和度"调整图层，可以改变发光文字的颜色（参考"答案\第 4 章\案例 4-2-发光文字.psd"源文件）。

4.2.3　图案文字

【案例 4-3】　创建以图片为背景的图案文字。使用给定的素材图片作为文字的填充内容，效果如图 4-50 所示。

图 4-50　创建以图片为背景的图案文字效果

首先在素材图层上建立文字选区，再删除文字以外的图案，最后与蒙版相结合制作图案效果文字。

操作步骤如下。

（1）打开"素材\第 4 章\flower.jpg"素材图片文件，并将其另存为"图案文字.psd"。

（2）选择横排文字工具，在文档中输入"FLOWER"，选择字体为 Impact，垂直缩放为 118％，水平缩放为 120％，勾选"仿粗体"和"小型大写字母"复选框，如图 4-51 所示，效果如图 4-52 所示。

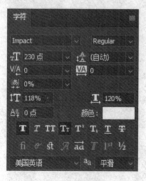

图 4-51　设置字符

图 4-52　输入字体效果

（3）选择背景图层，按 Ctrl+J 组合键复制背景，得到"背景 拷贝"图层；按住 Ctrl 键单击文字图层小图标，得到文字的选区；单击"添加图层蒙版"按钮，给"背景 拷贝"图层添加蒙版，隐藏背景图层和文字图层，如图 4-53 所示。

（4）取消文字图层和背景图层的隐藏，设置文字图层透明度为 20％；按 D 键，背景色和前景色变成默认色；按 X 键，切换前景色白色。选择"画笔工具"把花和叶的一些部分

图 4-53　背景图层添加文字蒙版效果

都画出来,画得差不多的时候隐藏背景图层,查看绘制的效果,有不满意的地方再取消背景图层的隐藏,及时按 X 键切换前景色和背景色,直到涂抹成如图 4-54 所示的效果(效果为隐藏文字图层和背景图层之后的效果)。

　　(5)隐藏文字图层,新建图层,把新建图层"图层 1"放到"背景 拷贝"图层之上,按住 Ctrl 键单击文字图层小图标,得到文字的选区。选择"编辑"|"描边"命令,设置描边"宽度"为 15 像素,"颜色"为白色,"位置"为居外,如图 4-55 所示,效果如图 4-56 所示。

　　(6)按 Ctrl+D 组合键取消选区,给"图层 1"添加蒙版;使用黑色画笔,涂抹成如图 4-57 所示效果,使花和叶完整显示。

图 4-54　画笔绘制花叶效果

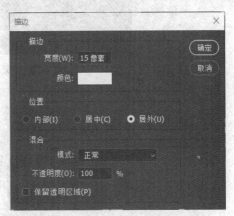

图 4-55　"描边"对话框参数设置

图 4-56　给文字选区增加描边效果

图 4-57　涂抹描边效果

（7）新建图层，把新建图层"图层2"放到背景图层之上，选择渐变工具，选择"渐变编辑器"窗口"预设"组中的"灰色_07"选项，如图4-58所示。在文档中从上向下拖动，产生如图4-59所示的最终效果。保存文件（参考"答案\第4章\案例4-3-图案文字.psd"源文件）。

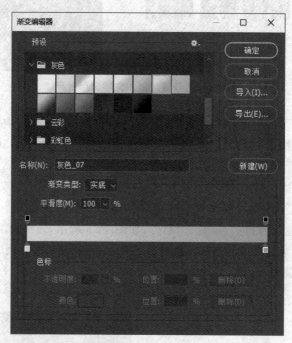

图 4-58　"渐变编辑器"设置

图 4-59　最终效果

4.2.4　路径文字

【案例4-4】　由路径创建文字。沿着文字路径生成涂抹效果，如图4-60所示。

首先通过"文本工具"创建文字，再生成选区，把选区转化为路径，然后选择沿路径描边。

操作步骤如下。

（1）打开"素材\第 4 章\彩色.jpg"素材图片文件,另存为"路径文字.psd"。

（2）输入文字"彩色",设置字体大小为 350 点,勾选"仿粗体"复选框。效果如图 4-61 所示。

图 4-60　沿文字路径生成涂抹效果

图 4-61　输入文字

（3）新建图层,按住 Ctrl 键单击文字图层小图标,并隐藏文字图层,如图 4-62 所示。

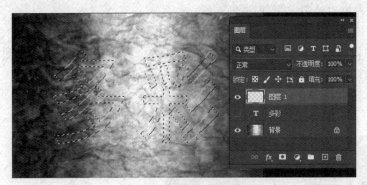

图 4-62　文字变成选区

（4）在"路径"面板单击"从选区生成工作路径"按钮,选择涂抹工具,设置画笔"大小"为 40,"强度"为 100%,勾选"对所有图层取样"复选框,如图 4-63 所示。

图 4-63　"涂抹"设置

（5）在"路径"面板中,右击"工作路径"项,在弹出的快捷菜单中选择"描边路径"命令,在弹出的对话框中选择描边路径的"工具"为"涂抹",如图 4-64 所示。

（6）在"路径"面板中单击"删除路径"按钮,再隐藏背景图层,得到的最终效果如图 4-65 所示。保存文件(参考"答案\第 4 章\案例 4-4-路径文字.psd"源文件)。

提示:① 本例例中在"路径"面板可以看到,两次的路径文字位于两个独立的层上,是通过背景图案分别建立路径文字。隐藏文字图层的目的是利用已建立的工作路径完成路径内部文字的编辑。

② 利用形状工具绘制形状,使用文字工具可以在绘制的形状内部或外边缘上得到按形状样式排列的文字。

图 4-64　"描边路径"工具选择

图 4-65　最终效果

4.3　综合应用举例

【案例 4-5】　制作一张"青海旅游"的宣传海报。制作一张富有创意的青海旅游的宣传海报,纸张大小为 A3,效果如图 4-66 所示。

操作步骤如下。

(1) 在预设"打印"选项中选择 A3 大小,方向为"竖版",背景内容为白色,颜色模式为 CMYK 的文件。

(2) 置入"素材\第 4 章\夕阳.jpg"素材图片文件,并复制"夕阳"图层,设置图层混合模式为"柔光",如图 4-67 所示。

图 4-66　宣传海报效果

图 4-67　设置图层混合模式

（3）选择"椭圆工具"，绘制椭圆，调整大小和位置如图 4-68 所示。给"椭圆"形状图层添加"投影"图层样式，设置"混合模式"为"正常"，"颜色"为白色，"不透明度"为 37%，"角度"为 0 度，"距离"为 167 像素，"扩展"为 6%，"大小"为 218 像素，如图 4-69 所示，并设置"椭圆"形状图层填充为 0。

图 4-68　绘制椭圆

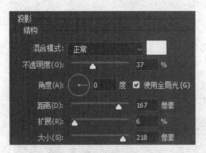

图 4-69　设置"投影"图层样式

（4）选择多边形工具，在选项栏的预设中可以找到"白色五角星"，如图 4-70 所示。按住 Shift 键绘制五角星，设置描边为"无颜色"，并复制三个多边形，移动到如图 4-71 所示位置（可以使用移动工具选项栏中的对齐和分布命令，能更快、更准确地排列）。

（5）分别在 4 个五角星后输入文字"茶卡盐湖""塔尔寺""青海湖"和"兰州"，设置字体大小为 34 点，勾选"仿粗体"复选框，如图 4-72 所示。

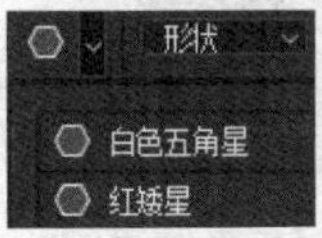

图 4-70　选择"白色五角星"

图 4-71　绘制并移动五角星

图 4-72　输入文字

（6）选择椭圆工具，绘制一个圆，设置填充颜色为＃36220c，无描边，调整大小和位置如图 4-73 所示，设置不透明度为 50%。

（7）复制"椭圆 2"形状图层，在选项栏中设置 W×H 为 40mm×40mm，"填色"为无，"描边"为白色，"宽度"为 4 像素，设置"虚线"为 4-2-4 格式，如图 4-74 所示，椭圆效果如图 4-75 所示。

（8）选择矩形工具，设置填充颜色为#36220d，在"图层"面板右击"矩形 1"图层，在弹出的快捷菜单中选择"栅格化图层"命令，按住 Ctrl 键单击"椭圆 2"形状图层小图标，按 Ctrl＋Shift＋I 组合键反向选择，按 Delete 键删除，按 Ctrl＋D 组合键取消选区，得到如图 4-76 所示效果。

图 4-73　绘制圆　　　　　　　　　　　图 4-74　设置椭圆属性

图 4-75　椭圆效果　　　　　　　　　　图 4-76　绘制矩形效果

（9）选择横排文字工具，输入"￥3999"（按 Shift＋4 组合键可以输入￥），设置字体为黑体，大小为 32 点，勾选"仿粗体"复选框，效果如图 4-77 所示。输入文字"限时抢购"和"超值冰点"，设置字体为黑体，大小为 20 点，勾选"仿粗体"复选框，效果如图 4-78 所示。

（10）选择"椭圆 2""椭圆 2 拷贝""矩形 1""￥3999""超值冰点"和"限时抢购"6 个图层，单击"图层"面板下方的"链接图层"按钮 ，单击"图层"面板右上方菜单按钮 ，在弹出的列表中选择"从图层新建组"选项,设置名称为"超值冰点",如图 4-79 所示。

图 4-77 输入文字效果 1

图 4-78 输入文字效果 2

  (11) 选择竖排文字工具,输入"青海",设置字体为"黑体",字体大小为 200 点,颜色为白色,勾选"仿粗体"复选框,效果如图 4-80 所示。添加图层样式,设置"斜面和浮雕"参数,"深度"为 400%,"大小"为 15 像素,"软化"为 0 像素,阴影"角度"为 0 度,"高度"为30 度,如图 4-81 所示。

图 4-79 从图层新建组

图 4-80 输入文字效果 3

  (12) 设置"描边"参数,"大小"为 5 像素,"位置"为"外部","不透明度"为 100%,"颜色"为白色,如图 4-82 所示。

  (13) 设置"外发光"参数,"混合模式"为"滤色","不透明度"为 35%,"颜色"为白色,图素"方法"为"柔和","扩展"为 29%,"大小"为 96 像素,如图 4-83 所示。

  (14) 复制"夕阳"图层,把复制得到的"夕阳 拷贝 2"图层移动到"青海"文字图层之上,右击,在弹出的快捷菜单中选择"创建剪贴蒙版"命令,复制"夕阳 拷贝 2"图层,设置图层混合模式为"正片叠底",得到如图 4-84 所示效果。

图 4-81　设置"斜面和浮雕"参数

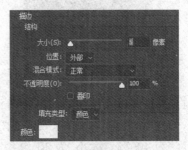

图 4-82　设置"描边"参数 1

图 4-83　设置"外发光"参数

图 4-84　"青海"文字效果

（15）选择竖排文字工具，输入"双飞　日游"和"纯玩无购物"，字体大小为 35 点，输入"6"，设置字体大小为 100 点，选择三个文字图层，设置字体为"黑体"，颜色为白色，勾选"仿粗体"复选框，效果如图 4-85 所示。添加图层样式，设置"描边"参数，"大小"为 5 像素，"颜色"为黑色，如图 4-86 所示。按住 Alt 键，复制图层样式到另外两个图层。

（16）选择椭圆工具，按住 Shift 键绘制正圆，设置无填充，描边为白色，宽度为16 像素，复制"椭圆 3"形状图层两次，效果如图 4-87 所示。

（17）选择"横排文字工具"，输入"一价全含：酒店标间住宿＋早餐＋包车＋景点门票＋保险""特色服务：6×24Ｈ管家服务/航班直飞/1 对 1 导游""特别赠送：茶卡盐湖沙粒盐瓶、价值 280 元的特色茶品"，设置字体为黑体，大小为 16 点，勾选"仿粗体"复选框，效果如图 4-88 所示。

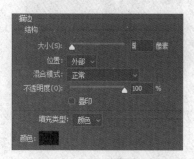

图 4-85　输入文字效果 4　　　　　　　　图 4-86　设置"描边"参数 2

图 4-87　正圆效果　　　　　　　　　图 4-88　输入文字效果 5

（18）使用矩形工具在页面底部绘制一个矩形，设置颜色为白色，给"矩形 2"图层添加图层蒙版，设置渐变为从黑到白的渐变，在蒙版中从上到下拖动，产生如图 4-89 和图 4-90 所示效果。

图 4-89　绘制矩形　　　　　　　　　图 4-90　渐变蒙版效果

（19）选择横排文字工具，输入"热线电话"，设置字体为黑体，大小为 32 点，勾选"仿粗体"复选框，输入"400-000-0000"，设置字体为黑体，大小为 45 点，勾选"仿粗体"和"仿斜体"复选框，效果如图 4-91 所示。

（20）置入"素材\第 4 章\青海旅游二维码.png"素材图片文件，如图 4-92 所示。

图 4-91　输入文字效果 6

图 4-92　置入二维码

(21) 保存文件(参考"答案\第 4 章\案例 4-5-青海旅游.psd"源文件)。

【案例 4-6】　制作"黄金罗盘"的字体效果。制作"黄金罗盘"的英文 The Golden Compass 的字体效果,如图 4-93 所示。

图 4-93　制作 The Golden Compass 的字体效果

首先使用滤镜中的 Camera Raw 调整图像,再设计排列字体,通过添加图层样式来增加效果,最后加上"黄金罗盘"的段落文字,完成操作。

操作步骤如下。

(1) 打开"素材\第 4 章\罗盘.jpg"素材图片文件,并另存为"罗盘.psd"。

(2) 按 Ctrl+J 组合键复制背景图层,得到"背景 拷贝"图层,右击,在弹出的快捷菜单中选择"转化为智能对象"命令。选择"滤镜"|Camera Raw 命令,打开"Camera Raw 滤镜"对话框。在"编辑"选项中设置"晕影"为−50。选择"调整画笔"工具,单击"创建新调整"按钮➕,使用画笔在除了罗盘外的部分涂抹,如图 4-94 所示。在"饱和度"选项中设置参数为−100,这样就可以调整除罗盘外部分为黑白。

(3) 单击"创建新调整"按钮➕,单击"重置局部校正设置"按钮↩,使用画笔在罗盘

上涂抹,如图 4-95 所示。设置"饱和度"参数为＋100,"纹理"为＋100,"清晰度"为＋100,
单击"确定"按钮。

图 4-94　涂抹背景　　　　　　　　　　　图 4-95　涂抹罗盘

(4) 置入"素材\第 4 章\船.jpg"素材图片文件,大小和位置如图 4-96 所示。

图 4-96　置入"船"大小和位置

(5) 设置"船"图层的图层混合模式为"滤色",并添加图层蒙版,使用黑色画笔在边缘
部分涂抹,效果如图 4-97 所示。

图 4-97　蒙版效果

(6) 复制"船"图层,修改图层混合模式为"叠加",不透明度为 60％,使用黑色画笔修
改图层蒙版,效果如图 4-98 所示。

　　(7) 选择横排文字工具,输入"The",设置字体为 Times New Roman,字体大小为 22 点,勾选"仿粗体"复选框,输入"Golden",字体大小为 54 点,输入"Compass",字体大小为 80 点,并调整文字的位置效果如图 4-99 所示。

图 4-98　叠加图层效果　　　　　　　　　　图 4-99　输入文字效果

　　(8) 合并"The""Golden"和"Compass"三个图层,给新图层添加图层样式,设置"斜面和浮雕"参数,"样式"为"内斜面","方法"为"雕刻清晰","深度"为 157%,"大小"为 7 像素,"角度"为 120 度,"光泽等高线"为第二行第三个,并勾选"消除锯齿"复选框,"高光模式"为"滤色","颜色"为白色,如图 4-100 所示。

　　(9) 设置"内发光"参数,"混合模式"为"正片叠底","不透明度"为 50%,"颜色"为#e8801f,"方法"为"柔和","阻塞"为 0,"大小"为 47 像素,如图 4-101 所示。设置"渐变叠加"参数,"混合模式"为"正常","不透明度"为 100%,"渐变"为从#f6eead 到#c1ac51 颜色渐变,"样式"为"对称的","角度"为 90 度,如图 4-102 所示。

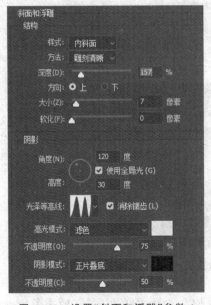
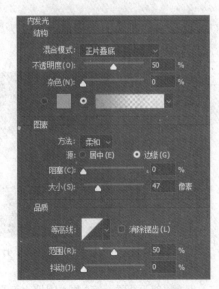

图 4-100　设置"斜面和浮雕"参数 1　　　　　图 4-101　设置"内发光"参数

（10）复制 Compass 图层，右击，在弹出的快捷菜单中选择"清除图层样式"命令，并移动该图层到 Compass 图层之下。添加图层样式，设置"斜面和浮雕"参数，"样式"为"描边浮雕"，"方法"为"雕刻清晰"，"深度"为 175％，"大小"为 11 像素，"角度"为 120 度，"光泽等高线"为第二行第三个，并勾选"消除锯齿"复选框，"高光模式"为"滤色"，"颜色"为白色，如图 4-103 所示。

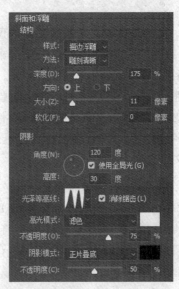

图 4-102　设置"渐变叠加"参数　　　　图 4-103　设置"斜面和浮雕"参数 2

（11）设置"描边"参数，"大小"为 1 像素，"位置"为"外部"，"不透明度"为 100％，"填充类型"为"渐变"，"渐变"为从♯f6eead 到♯c1ac51 颜色渐变，"样式"为"对称的"，"角度"为 90 度，如图 4-104 所示。设置"外发光"参数，"混合模式"为"滤色"，"不透明度"为 80％，"颜色"为♯e8801f，"方法"为"柔和"，"阻塞"为 0，"大小"为 30 像素，如图 4-105 所示。

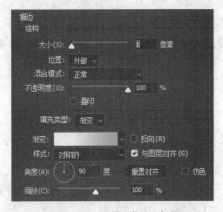

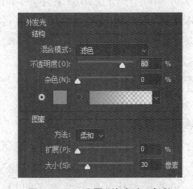

图 4-104　设置"描边"参数　　　　　图 4-105　设置"外发光"参数

（12）打开"素材\第 4 章\the golden Compass.doc"文本文件，按 Ctrl＋C 组合键复制里面的文字，选择横排文字工具，绘制文本框，按 Ctrl＋V 组合键粘贴文本，设置字体为

Times New Roman，字体大小为 9 点，设置行距为 9 点，勾选"仿粗体"复选框。在"段落"面板中选择"最后一行左对齐"选项，勾选"连字"复选框，效果如图 4-93 所示。

(13) 保存文件（参考"答案\第 4 章\案例 4-6-黄金罗盘.psd"源文件）。

相关知识

1. 文字工具和文字蒙版工具的区别

(1) 文字工具直接创建矢量文本，包括点文本和段落文本，并可以对文本进行编辑，改变字体、字号、颜色、间距、变形等。通过栅格化文字，转换为位图格式，进一步对文字加工处理。文字工具直接创建文字图层，可以利用图层的命令处理文字。

(2) 文字蒙版工具创建的是文字选区，要先设置好文字的字体、字号等，再输入所需的文字，输入后可以直接进行颜色填充。该工具不能自动生成一个图层，只在当前图层上创建文字选区。

2. Photoshop 字体的含义

Photoshop 字体是用 Adobe 的 PostScript 语言描述的一种曲线轮廓字体，是一整套具有共同的粗细、宽度和样式的字符。文字样式是字体系列中各种字体的变异版本，如"常规""粗体"或"斜体"。Photoshop 字体是打印质量最好的字体，可以任意缩放，打印清晰、光滑。

3. "仿"字体样式

可用文字样式的范围因字体而异，如果某一字体不包括所需的样式，可以应用仿样式，如仿粗体、仿斜体、上标、下标、全部大写字母和小型大写字母样式等。仿样式是用软件算法把正常字体字库的笔画加粗或者变斜形成的，而"真"的粗体和斜体，是字库的字型本身就是粗的、斜的笔画。

4. 如何安装字体

Photoshop 中所使用的字体是调用 C:\WINDOWS\Fonts 的系统字体，用户只需要把字体文件放在 Windows 的 Fonts 目录下，或者放在"控制面板"中的"字体"文件夹中，就可以让 Photoshop 来使用这些字体。

思考与练习

单项选择题

1. 在 Photoshop 中，不能创建选区的工具是（   ）。

    A. 钢笔工具　　　　　B. 套索工具　　　　　C. 文字工具　　　　　D. 文字蒙版工具

2. 没有栅格化的段落文字不可以进行（   ）操作。

    A. 缩放　　　　　　　B. 旋转　　　　　　　C. 斜切　　　　　　　D. 扭曲

3. 使用文字蒙版工具创建的是（   ）。

    A. 文本层　　　　　　B. 文字选区　　　　　C. 文字通道　　　　　D. 文字路径

4. 点文本可以通过(　　)命令转换为段落文本。

　　A. "图层"|"文字"|"转换为段落文字"　　　B. "图层"|"文字"|"转换为形状"

　　C. "图层"|"图层样式"　　　　　　　　　　D. "图层"|"图层属性"

5. 改变文本颜色的方法,不可行的是(　　)。

　　A. 选中文本直接修改选项栏中的颜色

　　B. 对当前文本图层执行色相/饱和度命令

　　C. 使用图层样式中的颜色叠加

　　D. 栅格化文字后,填充文字选区

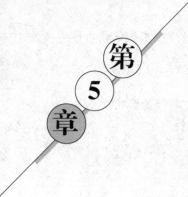

图像色彩调整

Adobe Photoshop CC 集成了很多令人赞叹的全新影像处理技术,本章将学习图像处理的方法,包括直方图和"调整"面板中色阶、曲线、亮度、明度和对比度等的使用技巧以及如何校正图像中的颜色和色调等内容。

学习目标

(1) 了解直方图。

(2) 了解色阶/曲线在图像处理中的作用。

(3) 熟悉亮度/对比度/明度的概念及调整方法。

(4) 掌握改变图像色彩的方法。

5.1 图像调节基础

调节图像明暗及色彩有很多种方式,常用的命令大部分都集中在"调整"面板中,在入门篇中已经认识了"调整"面板,下面进一步了解其作用。

5.1.1 "调整"面板

用户可以在"调整"面板中找到用于调整颜色和色调的工具,单击这些工具图标可以选择调整并自动创建调整图层,使用"调整"面板中的控件和选项进行的调整会创建非破坏性图层。

为了方便操作,"调整"面板具有应用常规图像校正的一系列调整预设。预设可用于色阶、曲线、曝光度、色相/饱和度、黑白、通道混合器、可选颜色等。单击预设选项,使用调整图层将其应用于图像,用户可以将调整设置存储为预设,并添加到预设表中。

单击"调整"面板上的图标或预设选项,可以显示特定调整的"属性"选项,如图 5-1 所示。

(1) ▣：此调整影响下面的所有图层(单击可剪切到图层)。

(2) ◉♪：此按钮可查看上一状态。

(3) ↻：复位到调整默认值。

(4) ◉：切换图层可见性。

(5) 🗑：删除此调整图层,取消调整。

💡 *提示：通过"调整"面板进行的编辑,会默认以调整图层的形式提供,不*

会对原图产生更改。

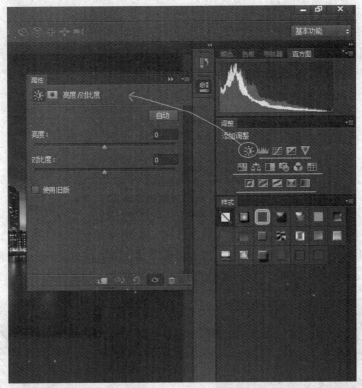

图 5-1　"调整"面板

5.1.2　直方图

1. 认识直方图

选择"窗口"|"直方图"命令,打开如图 5-2 所示的"直方图"面板。

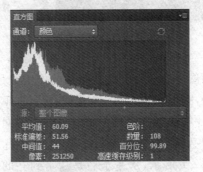

图 5-2　"直方图"面板

在"直方图"面板中有一组很详细的数据,即红、绿、蓝通道的色阶直方图。

(1) 平均值:显示图像亮度的平均值(0~255 的平均亮度)。

(2) 标准偏差:该值越小,所有像素的色调分布越接近平均值。

（3）中间值：显示像素颜色值的中间值。

（4）像素：显示像素的总数。

（5）色阶、数量、百分位、高速缓存级别：用于光标定位查看信息。

2. 直方图的存在形式

直方图常用的有紧凑和扩展两种视图，紧凑视图如图 5-3 所示，不显示数据；扩展视图如图 5-2 所示，有一组详细的数据表示。

图 5-3 "直方图"面板的紧凑视图

直方图不仅存在于"直方图"面板中，在如图 5-4 所示的"调整"面板的"色阶"属性面板和如图 5-5 所示的"曲线"属性面板中都能看到直方图。"直方图"面板中的直方图是不可以调节的，只有在"色阶"和"曲线"属性面板中的直方图才是可以调节的。

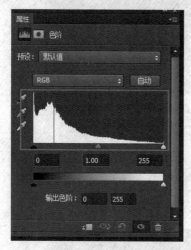

图 5-4 "色阶"属性面板中的直方图

图 5-5 "曲线"属性面板中的直方图

直方图用图形表示每个亮度级别的像素数量，展示像素在图像中的分布情况。如果把图片的颜色去掉，在黑白照片中从黑色到灰色到白色体现不同的灰度级别的像素数量，横坐标为灰度级别，纵坐标为像素数量。如图 5-6 所示，从左至右是从暗到亮的像素分布，黑色三角为"阴影"滑块，代表最暗地方（纯黑）；白色三角为"高光"滑块，代表最亮地方（纯白）；灰色三角为"中间调"滑块，可以改变中间调的亮度，它的左侧代表整个图像的暗部，右侧代表整个图像的亮

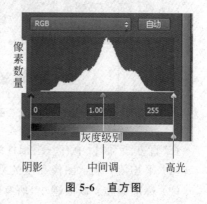

图 5-6 直方图

部,当灰色三角右移时,就等于有更多的中间调像素进入了亮部,所以会变亮,反之亦然。

💡提示:色调从 0~255,0 为黑色,255 为白色,128 为灰色,0~85 为阴影,86~170 为中间调,171~255 为高光区。

3. 直方图的代表意义

处理图像的第一步是查看直方图。一张曝光良好的照片,在不同的亮度级别下的细节都非常丰富,在各亮度值上都有像素分布,像一座起伏波荡的小山丘,如图 5-7 所示;曝光不足的照片,在直方图上看,暗部聚集了大量的像素而高光处没有像素分布,如图 5-8 所示;而曝光过度的照片,左侧的暗部已经没有像素分布,右侧高光处聚集了大量的像素,如图 5-9 所示。

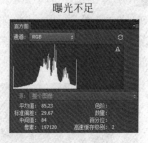

图 5-7　曝光良好的照片

图 5-8　曝光不足的照片

无论照片是有丰富的高光还是曝光过度,还是有饱满的细部暗调,或者是细节根本分辨不清,没有比直方图更加有价值的参考工具了,所以直方图能够显示一张照片中色调的分布情况。

【案例 5-1】　分析图片存在的问题。查看所给素材图片的直方图,分析图片存在的问题。

通过分析"调整"面板中色阶的直方图,发现图像存在的问题。

曝光过度

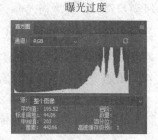

图 5-9　曝光过度的照片

操作步骤如下。

（1）打开"素材\第 5 章\阴雨天.jpg"素材文件。

（2）单击"图层"面板中的"创建新的填充或调整图层"按钮 ◎，从弹出的菜单中选择"色阶"命令，如图 5-10 所示。

💡 提示：用户也可以选择"图像"|"调整"命令，并从弹出的菜单中选择相应命令，以将调整直接应用于图像图层。需要注意的是，这种方法会扔掉图像信息。

（3）在"调整"面板的"色阶"属性面板中观察像素的分布，如图 5-11 所示，像素多集中在中间调部分，阴影和高光部分几乎没有像素分布，故图像整体色调偏灰。

（4）打开"素材\第 5 章\夜晚.jpg"素材图片文件。

（5）单击"图层"面板中的"创建新的填充或调整图层"按钮 ◎，从弹出的菜单中选择"色阶"命令。

（6）在"调整"面板的"色阶"属性面板中观察像素的分布情况，如图 5-12 所示，像素多集中在阴影部分，中间调和高光部分几乎没有像素分布，故图像整体色调偏暗。

图 5-10　选择"色阶"命令

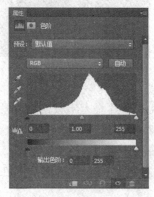

图 5-11　像素集中在中间调部分

图 5-12 像素集中在阴影部分

5.2 图像明暗调整

5.2.1 色阶

1. 什么是色阶

色阶是调整图像画面颜色的首选参数。当图像偏暗或偏亮时,可以使用"色阶"命令来调整图像的明暗度。使用"色阶"命令通过调整图像的阴影、中间调和高光的强度级别,从而校正图像的色调范围和色彩平衡。

2. 调整方法

(1)将"阴影"滑块和"高光"滑块向内拖移到有像素的地方,这一步调整是解决照片高光或阴影部分发灰的问题,如图 5-13 所示。

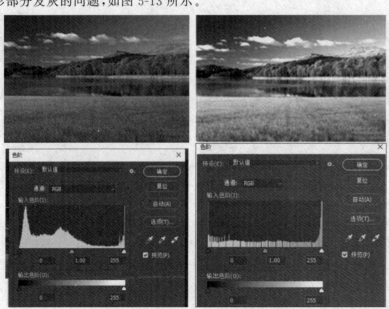

图 5-13 调整"高光"和"阴影"滑块

如果进一步提高反差,可以拖动左右滑块往中间拉。需要注意的是,这将失去暗部或亮部的层次。

（2）"中间调"滑块用于调整图像中的灰度系数。移动"中间调"滑块,并改变灰色调中间范围的强度值,不会明显改变高光和阴影,如图 5-14 所示。

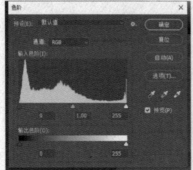

图 5-14　调整"中间调"滑块

【案例 5-2】　调整色阶。使用"色阶"命令调整图像,使图像清晰、色彩鲜艳,如图 5-15 所示。

图 5-15　调整图像色阶前后对比效果

操作步骤如下。

（1）打开"素材\第 5 章\阴雨天.jpg"素材图片文件。

（2）在"调整"面板中单击"创建新的色阶调整图层"按钮██,打开"调整"面板中的"色阶"属性面板,创建"色阶"调整图层,如图 5-16 所示。

（3）调整阴影滑块、高光滑块和中间调滑块,如图 5-17 所示。

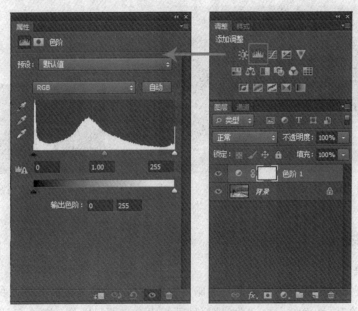

图 5-16　创建"色阶"调整图层

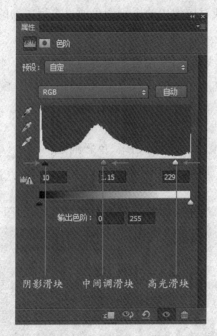

图 5-17　调整阴影滑块、高光滑块和中间调滑块

（4）完成色阶调整后的效果如图 5-18 所示。在"图层"面板中单击"色阶 1"调整图层
左侧的按钮 👁，如图 5-19 所示，观察对比处理前后的效果（参考"答案\第 5 章\案例 5-2-
调整色阶.psd"源文件）。

图 5-18　完成色阶调整后的效果　　　　　　图 5-19　显示/隐藏色阶调整图层

5.2.2　曲线

1. 什么是"曲线"

"曲线"可以固定那些不需要调整的暗度和亮度区域,只调整需要修改的暗度或亮度区域。与"色阶"属性面板一样,"曲线"属性面板也允许调整图像的整个色调范围。但是,曲线不是只使用三个变量(高光、阴影和中间调)进行调整,而是可以调整 0～255 范围内的任意点,也可以使用曲线对图像中的个别颜色通道进行精确的调整。

2. 调整方法

用户可以通过改变曲线形状,来调整图像的色调和色彩。将曲线向上或向下拖移可以让图像变亮或变暗,移动右半部的点可以对亮部进行调整;移动曲线中央的点,则可以调整中间调;移动曲线左半部的点,则会调整阴影。

【案例 5-3】　调整曲线。

使用"曲线"命令调整图像,使图像清晰、色彩鲜艳。

使用"调整"面板中的"曲线"属性面板调整图像。

操作步骤如下。

(1) 打开"素材\第 5 章\曲线调整.jpg"素材图片文件,如图 5-20 所示。

图 5-20　用于曲线调整的素材图片

（2）在"调整"面板中单击"创建新的曲线调整图层"按钮 ✍，打开"调整"面板中的"曲线"属性面板，创建新的"曲线"调整图层，如图 5-21 所示。

图 5-21　创建新的"曲线"调整图层

（3）在"曲线"属性面板中调整曲线两端点，如图 5-22 所示。

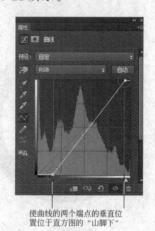

使曲线的两个端点的垂直位
置位于直方图的"山脚下"

图 5-22　调整曲线两端点

（4）在"曲线"属性面板中的曲线上单击拖移，调整中间调，效果如图 5-23 所示（参考"答案\第 5 章\案例 5-3-调整曲线.psd"源文件）。

5.2.3　亮度、对比度和明度

"亮度/对比度"命令主要是对图像进行亮度和对比度的调整，该命令只能对图像进行整体调整，对单个通道不起作用。

1. 亮度

亮度指颜色的相对明暗程度，其与物体表面的色彩反射光量有关。一般来说，彩色物

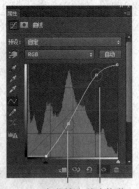

在曲线上单击拖移

图 5-23　调整中间调的效果

体表面的反射光量越多,它的亮度越高。

把香蕉和葡萄并排放在一起,会发现,香蕉比葡萄明亮。换句话说,黄色比紫色明亮。每一个色调都有其"天然"的亮度。把如图 5-24(a)所示色环转换成图 5-24(b)相对应的灰色,可以发现,亮度的区别是多么明显。色环的上半部颜色会反射 90％以上的光线,而底部的只有 22％,显然上半部颜色比下部明亮,尤其是最顶部的黄色,比底部的紫色明亮许多。

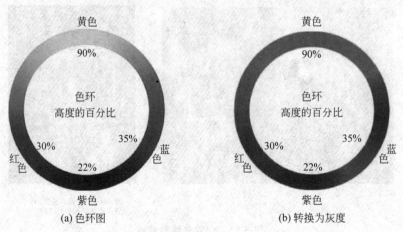

图 5-24　色环图和转换为灰度后

2. 对比度

对比度指图像最亮和最暗区域之间的比率,比值越大,从黑到白的渐变层次就越多,从而色彩表现越丰富。对比度对视觉效果的影响非常关键,一般来说,对比度越大,图像越清晰醒目,色彩也越鲜明艳丽;而对比度小,则会让整个画面都灰蒙蒙的。高对比度对于图像的清晰度、细节表现、灰度层次表现都有很大帮助。对比度越高图像效果越好,色彩会更饱和,反之对比度低则画面会显得模糊,色彩也不鲜明。

选择"创建新的填充和调整图层"菜单中"亮度/对比度"命令可调整图层,其中"亮度"

是用来调整图像的亮度,向左拖曳滑块可以使图像变暗,向右拖曳滑块可以使图像变亮;
"对比度"用来调整图像的对比度,向左拖曳滑块可以减少图像的对比度,向右拖曳滑块可
以增大图像的对比度。如图 5-25 所示为设置"亮度"为 25,"对比度"为 20 后效果的对比
(素材图片参考"素材\第 6 章\对比度调整.psd"源文件)。

图 5-25　"亮度/对比度"调整前后对比图

3. 明度

明度指图像的明亮程度,它是一个心理颜色概念,是指人们所感知到的色彩的明暗程
度,但不等同于亮度。由于眼睛是判断颜色、感知颜色的唯一器官,因此明度才是最值得
关心的。亮度和颜色的辐射与能量有关,但能量高的颜色不一定明度高,如蓝色的能量很
高,但其明度却低。颜色有深浅、明暗的变化,如柠檬黄、淡黄、中黄、深黄等黄颜色在明度
上就不一样,紫红、深红、玫瑰红、大红、朱红、橘红等红颜色在亮度上也不尽相同。这些颜
色在明暗、深浅上的不同变化,也就是色彩的重要特征——明度变化。

色彩的明度变化有以下几种情况。

(1) 不同色相之间的明度变化,如白比黄亮、黄比橙亮、橙比红亮、红比紫亮、紫比黑亮。

(2) 在某种颜色中添加白色,亮度就会逐渐提高,反之添加黑色亮度就会变暗,但同
时它们的饱和度也会降低。

(3) 相同的颜色,因光线照射的强弱不同也会产生不同的明暗变化。

5.3　曝光度

"曝光度"是用来控制图片色调强弱的工具。图 5-26 所示为"曝光度"属性面板,其中
"曝光度"滑块用来调节图片的光感强弱,数值越大图片越亮,调高曝光度,高光部分会迅速
提亮直到过曝而失去细节;"位移"滑块可以调节阴影和中间调的明暗,对高光的影响不大;
"灰度系数校正"可以减淡或加深图片灰色部分,也可以提亮灰暗区域,增强暗部的层次。

只调整"曝光度"滑块不能改变阴影和高光的对比度,它需要位移和灰度系数校正的
共同配合。

"曝光度"调整素材图片如图 5-27 所示,用曲线工具直接提高图片的亮度,效果如

图 5-28 所示。

图 5-26 "曝光度"属性面板

图 5-27 "曝光度"调整素材图片

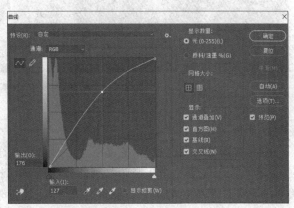

图 5-28 "曲线"调整后的效果

再来看一下曝光度工具的效果,先调节"曝光度"滑块,没有达到"曲线"提亮的效果,如图 5-29 所示。

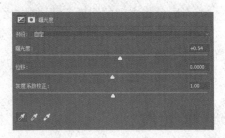

图 5-29 调整曝光度后的效果

再调整一下"位移"滑块,还是差点灰度效果,如图 5-30 所示。

最后,再调整一下"灰度系数校正"滑块,达到了与"曲线"工具一样的效果了,如图 5-31 所示。

使用曝光度工具需要三个步骤,才能达到曲线工具一个步骤的功能,有时不如直接用曲线工具方便,但正是因为曝光度工具的"分解步骤",才让曝光度工具实现了其他工具实现不了的功能。

图 5-30　调整位移后的效果

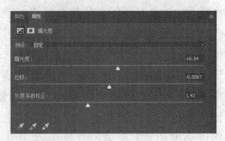

图 5-31　调整灰度系数校正后的效果

5.4　色彩调整

色彩在图像设计中的重要性不言而喻，理解和运用好 Photoshop 的色彩调整功能，会帮助读者在色彩的世界中游刃有余。

5.4.1　色相和饱和度

使用色相/饱和度功能，可以调整图像中特定颜色范围的色相、饱和度和亮度，或者同时调整图像中的所有颜色。此调整尤其适用于微调 CMYK 图像中的颜色，以便使它们处在输出设备的色域内。

1. 色相

色相是指色彩的相貌和特征，自然界中色彩的种类很多，色相指色彩的种类和名称。例如，红、橙、黄、绿、青、蓝、紫等颜色的种类变化就称为色相，如图 5-32 中 B 所示。

2. 饱和度

饱和度是指色彩的鲜艳程度，也称纯度，如粉红色就是红色色相的不饱和颜色。原色是纯度最高的色彩，颜色混合的次数越多，纯度越低；反之纯度则高。原色中混入补色，纯度会立即降低、变灰，如图 5-32 中 A 点所示。饱和度不要调得太多，图像调

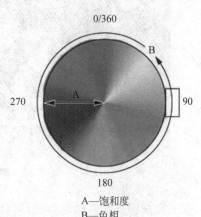

A—饱和度
B—色相

图 5-32　色轮

整太过了,层次感会损失,照片显得失真。

3. 自然饱和度

调整自然饱和度可以在颜色接近最大饱和度时最大限度地减少修剪,在调整时会大幅增加不饱和像素的饱和度,而对已饱和的像素只做很少、很细微的调整,特别是对皮肤的肤色有很好的保护作用。

4. 色相/饱和度调整的应用

(1) 单击"调整"面板中的"色相/饱和度"图标 ,可以在"调整"面板中存储色相/饱和度设置,并载入以便在其他图像重复使用。

(2) 选择"图层"|"新建调整图层"|"色相/饱和度"命令,在打开的"新建图层"对话框中单击"确定"按钮,在打开的"色相/饱和度"属性面板中显示有两个颜色条,它们以各自的顺序表示色轮中的颜色。上面的颜色条显示调整前的颜色,下面的颜色条显示如何以全饱和状态影响所有色相,如图 5-33 所示。

图 5-33　"调整"面板中的"色相/饱和度"属性面板

💡 提示:用户也可以选择"图像"|"调整"|"色相/饱和度"命令(Ctrl＋U)调整图像的色相/饱和度。需要注意的是,这种方法直接对图像图层进行调整并扔掉图像信息。

用户可以选择"调整"面板"色相/饱和度"属性面板的"图像调整工具" ,并单击图像中的颜色,然后在图像中向左或向右拖动,以减少或增加包含所单击像素的颜色范围的饱和度。

单击"复位"按钮 以还原"调整"面板中的"色相/饱和度"设置。

【案例 5-4】　季节变化。改变图像的色相,变为秋天的红叶效果,要求颜色自然,如图 5-34 所示。

图 5-34　调整前后对比

先提高图像的自然饱和度,然后改变其色相,变为秋天效果。

操作步骤如下。

(1) 打开"素材\第 5 章\季节变化.jpg"素材图片文件,按 Ctrl＋J 组合键复制背景图层，然后单击"图层"面板上的"创建新的填充或调整图层"按钮 ，从弹出的菜单中选择"自然饱和度"命令，为图像创建新的自然饱和度调整图层，如图 5-35 所示。

（2）在打开的"自然饱和度"属性面板中调整图像的"自然饱和度"为＋70，如图 5-36 所示。

（3）单击"图层"面板上的"创建新的填充或调整图层"按钮，从弹出的菜单中选择"色相/饱和度"命令，如图 5-37 所示，为图像创建新的色相/饱和度调整图层。

图 5-35　创建新的"自然饱和度"图层

图 5-36　调整"自然饱和度"

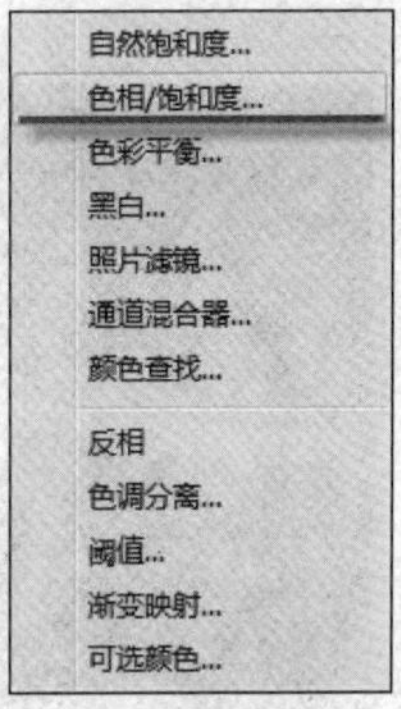

图 5-37　选择"色相/饱和度"命令

（4）在打开的"色相/饱和度"属性面板中设置"色相"为－50，如图 5-38 所示（参考"答案\第 5 章\案例 5-4-季节变化.psd"源文件）。

图 5-38　调整图像的色相

5.4.2　色彩平衡

使用"色彩平衡"命令可以校正图像偏色、过饱或饱和度不足的情况，使图像整体达到色彩平衡。该命令在调整图像的颜色时，根据颜色的互补色原理，要减少某个颜色，就增加这种颜色的互补色。

【案例 5-5】 为黑白照片上色。为黑白照片上色,要求颜色自然。

在工具箱中选择适当的选择工具(如魔棒工具、多边形套索工具)对不同的上色区域进行选择,通过调整色彩平衡来进行上色。

操作步骤如下。

(1) 打开"素材\第 5 章\色彩平衡.jpg"文件,为了保护原始素材,操作前请先将其复制成背景副本,如图 5-39 所示。

图 5-39 复制图层副本

(2) 选择栈桥部分,改变色彩平衡,如图 5-40 所示。

图 5-40 调整栈桥的色彩平衡

（3）更改海水及远处海景的色彩（参考"\答案\第 5 章\案例 5-5-黑白照片上色.psd."源文件）。

5.4.3　黑白

在 Photoshop 中，照片去掉颜色变成黑白照片，可以用"去色"工具直接把照片的颜色去掉，或者用"色相/饱和度"工具把饱和度全部剪掉。在"图像"菜单中可以找到"黑白"工具，也可以在"图层"面板下方的"创建新的填充或调整图层"菜单中找到。当选择"黑白"调整层后，照片就会被去掉颜色变成黑白照片，同时可以看到它的面板，面板中有红色、黄色、绿色、青色、蓝色、洋红 6 种颜色的滑块可以调节。

图 5-41 所示为使用"黑白"调整的原素材图。

图 5-41　使用"黑白"调整的原素材图

添加"黑白"调整图层，软件默认设置"黑白"属性面板中各颜色的数值，用户可以根据需要调整各颜色滑块。首先，将"黄色"滑块向左移动，降低黄色的明度，发现所有含有黄色的地方明度都降低了，如图 5-42 所示。

图 5-42　调整图片黑白效果：色彩滑块调整 1

然后，将"青色"滑块向右移动，提高青色的明度，发现绿草和头上的绿叶变亮了，如图 5-43 所示。

接着，再将"红色"滑块向右移动，提高红色的明度，又发现人物头上花朵、头发都被提亮了，如图 5-44 所示。

图 5-43　调整图片黑白效果：色彩滑块调整 2

图 5-44　调整图片黑白效果：色彩滑块调整 3

　　这些色彩的滑块可以影响原图中色彩的明暗。如果希望把一张彩色照片变成一张有层次的黑白照片，就可以利用"黑白"调整图层的色彩滑块，对原片的色彩明暗进行调整，从而让黑白照片的细节更加丰富。如图 5-45 所示为直接用"去色"工具去掉颜色的效果，如图 5-46 所示为利用"黑白"调整图层的色彩滑块调整过的效果。对比一下，明显使用"黑白"命令做的效果层次更加明显，细节更加丰富，可见"黑白"调整图层的功能不只是去色那么简单。

图 5-45　"去色"命令效果　　　　　　　图 5-46　"黑白"调整图层色彩滑块效果

5.4.4 照片滤镜

"照片滤镜"命令是把带颜色的滤镜放在照相机镜头前方来调整穿过镜头、使胶卷曝光的光线的色彩平衡和色彩温度的技术。打开一张图片素材（见图 5-47），复制背景图片，在图层混合模式中选择照片滤镜，并设置相应参数，单击"确定"按钮，图片滤镜调整后的效果如图 5-48 所示。

图 5-47 打开图片素材

图 5-48 图片滤镜调整后的效果

 提示：

（1）勾选保留明度复选框，可以使图像不会因为加了色彩滤镜而改变明度。

（2）拖动"密度"滑块，或者直接在文本框中输入一个百分比，以调整应用到图像中的色彩量，数值越高，色彩感觉就越浓。

5.4.5 通道混合器

"通道混合器"是一个色彩调整的命令，该命令可以调整某一个通道中的颜色成分。图 5-49 所示为"通道混合器"属性面板。

（1）输出通道：可以选取要在其中混合一个或多个源通道的通道。

（2）源通道：拖动滑块可以减少或增加源通道在输出通道中所占的百分比，或者在文本框中直接输入－200～＋200 的数值。

（3）单色：勾选此复选框，对所有输出通道应用相同的设置，创建该色彩模式下的灰度图。

（4）常数：该选项可以将一个不透明的通道添加到输出通道，若为负值视为黑通道，正值视为白通道。

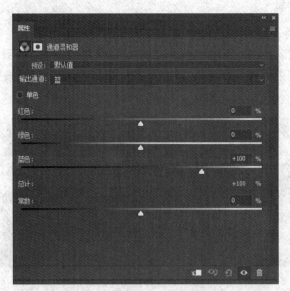

图 5-49　"通道混合器"属性面板

　　输出通道分为三个通道,即红、绿、蓝,而每个通道中又有红、绿、蓝三个滑块,下方可以输入数值,数值区间都是－200～＋200,可见这比其他的调色方式色域空间都大得多,所以调色会更加自由,颜色信息更多。

　　打开"素材\第 5 章\通道混合器.jpg"文件,如图 5-50 所示。选择"红"色输出通道,调节滑块,颜色并没有想象中的改变,将"绿色"调大,颜色没有变成绿色,却是偏红了,当将红、绿、蓝三个滑块都调到 200,图片颜色就变为了大红色,这说明是增加了红色,如图 5-51 所示。

图 5-50　"通道混合器"素材图

　　还是利用"红"色输出通道,将"绿色"滑块向左滑动,改为－200,这时其他部分的红色没有改变,而原本绿色的部分变得更绿了,如图 5-52 所示。如果变为－100,就是原本的颜色了,这说明并没有减去绿色,而是让原本绿色的区域颜色还原了。

　　选择"绿"色输出通道,将三个滑块都向左拖动,颜色变成了绿色的相反色;将三个滑块一起向右拖动,这时整个画面都呈现出了绿色,如图 5-53 所示。如果希望原来的图片变成某种颜色,就将输出通道选择这种颜色。

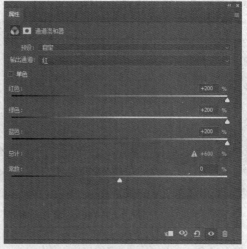

图 5-51　调节"通道混合器"中"红色""绿色""蓝色"滑块数值

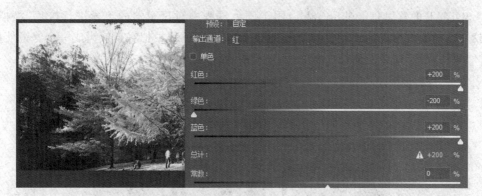

图 5-52　调节"通道混合器"中"绿色"滑块数值

图 5-53　调节"通道混合器"中"绿"色输出通道效果

　　如果想要将这个图片变为蓝色调,那么就选择"蓝"色输出通道,而下方的"红色""绿色""蓝色"则代表要选择的区域,如树的颜色是绿色,增加绿色是将树的部分区域加蓝,也可以理解为三个颜色代表三个选区，如图 5-54 所示。

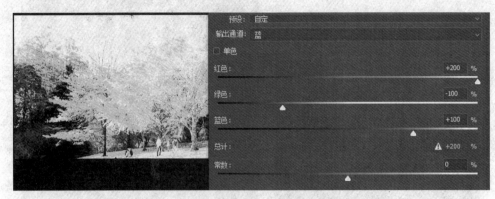

图 5-54　调节"通道混合器"中"蓝"色输出通道效果

5.4.6　颜色查找

3DLUT 的意思是 lookup table，用于调色过程中对显示器的色彩进行校正，模拟最终胶片印刷的效果以达到调色的目的，也可以在调色过程中把它直接当成一个滤镜使用。

"颜色查找"命令及属性面板如图 5-55 所示。

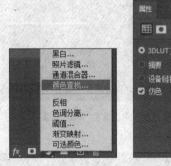

图 5-55　"颜色查找"命令及属性面板

打开"素材\第 5 章\颜色查找.jpg"文件，调整各种色调，效果如图 5-56 所示。

图 5-56　"颜色查找"命令调整各种色调的效果

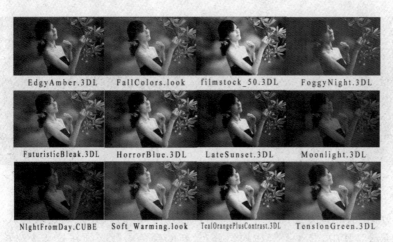

图　5-56（续）

5.5　反相

如图 5-32 所示的色轮上相距 180°的颜色互为补色,也称补色,"反相"即为一个像素或整张图片的互补颜色,就是 255 减去原图的 RGB 数值。新建一个文件,填充 RGB(236,31,60)的单色,执行"反相"命令后,R=255-236=19,B=255-31=224,G=255-60=195,就变成 RGB 为(19,224,195),对图 5-57(a)执行"反相"命令后得到图 5-57(b)效果。

(a) 原图　　　　　　　　　　　　　(b) 反相调整后

图 5-57　"反相"调整效果对比

5.6　色调分离

色调分离是用指定的色阶值将图像中相应匹配的像素的色调和亮度统一,所以色调分离就是用来制造分色效果。"色调分离"中的"色阶"表明图像的层次,数值越高,就会用越多的色彩去描述图像,每个色阶值都会同时影响三个通道(RGB),如果将色阶值设置为 2,那么图像最终会有 2×3=6 种色彩(两个红通道、两个绿通道、两个蓝通道)。图 5-58 所示为"色调分离"前后效果对比。

图 5-58　"色调分离"前后效果对比

"色调分离"前的直方图如图 5-59 所示,"色调分离"的"色阶"参数调整成 4 的直方图如图 5-60 所示。其中,有 4 个竖线均匀分布,新的颜色参数必须在这 4 个坐标上取值,每个坐标可以有 RGB 三个参数搭配,最多可以有 4×3＝12 种颜色。图片的颜色要远远大于 12 种,现在变成 12 种颜色后,很多颜色会被同化成一种颜色,色彩的丰富度就会降低。如果把"色阶"参数调到 2,相比原来的图,色彩丰富度进一步下降,反过来色调分离的色阶数越多,就有越多的色彩表达图像。色调分离就是颜色会均匀地在色阶图里取值,很多颜色进行归并,色调变成了阶梯变化的效果,颜色是一块一块地分布。

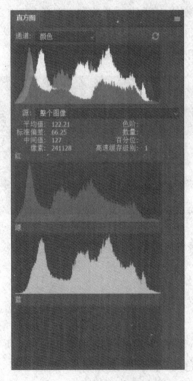 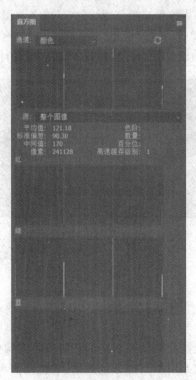

图 5-59　"色调分离"前的直方图　　　　图 5-60　设置"色调分离"的"色阶"
　　　　　　　　　　　　　　　　　　　　　　　　参数为 4 的直方图

5.7　阈值

　　"阈值"命令将灰度或彩色图像转换为高对比度的黑白图像。在"阈值"属性面板上只有一个滑块,左侧是黑,右侧是白,将图像分成黑白两种像素,所有比阈值亮的像素转换为白色,而所有比阈值暗的像素转换为黑色。

　　"阈值"属性面板如图 5-61 所示。

　　"阈值"调整前后效果对比如图 5-62 所示。

图 5-61　"阈值"属性面板　　　　图 5-62　"阈值"调整前后效果对比

　　"阈值"命令有两大作用,第一,将灰度或彩色图像转换为高对比度的黑白图像;第二,可指定某个色阶作为阈值,所有比该色阶亮的像素都转化为白色,所有比该色阶暗的像素都转化为黑色,对于确定图像的最亮和最暗区域非常有用。

5.8　渐变映射

　　渐变映射首先会将照片去色变成黑白,然后从明度的角度分为暗部、中间调和高光。在渐变映射中有一个颜色渐变条,这个颜色渐变条从左到右对应的就是照片暗部、中间调和高光区域。也就是说,如果把这个渐变条填充上两个颜色,越靠近左侧的颜色将是照片暗部的颜色,越靠近右侧的颜色将是照片高光的颜色,而中间过渡区域则是中间调的颜色。

　　渐变映射由蓝色到红色的渐变设置参数如图 5-63 所示。

　　使用渐变映射前后效果对比如图 5-64 所示。

　　使用渐变映射后,图中几乎失去了之前的所有颜色,因为在原理上首先将照片变成黑白,然后左侧的蓝色对应着画面中最暗的部分,右侧的红色则对应着画面中高光部分,中间部分则对应着从蓝色到红色的过渡色。

　　在本例中发现,渐变映射如果直接使用,效果并不理想,所以一般情况还需要配合其他的操作使用。一种是通过改变图层的不透明度,将图层的不透明度降低,这样原来的色

图 5-63　红色渐变映射设置参数

图 5-64　原图和渐变映射后效果

彩可以得到有效的保留，同时通过渐变映射叠加的颜色也可以显得比较柔和；另一种方式则是配合使用混合模式，如正片叠底、滤色以及柔光，达到更好的效果。

5.9　可选颜色

"可选颜色"最初是在印刷用的 CMYK 颜色模式下增加或降低油墨的色彩调整工具，工作原理与"色彩平衡"相似，只不过可选颜色调节更有针对性，可以对单一颜色进行调整，而不会影响到其他颜色。打开"可选颜色"对话框后看到，"颜色"一栏有个向下的箭头，单击会弹出下拉列表，如图 5-65 所示。在其中可以直观地看到各种颜色，选中某个颜色，就可以针对性调整。

每种颜色下方都有一个三角形滑块，滑块向哪个颜色拖动，照片就会减少哪个颜色，反之则会增加。滑块上方有百分比数值，负数就是减少，正数就是增加。图 5-66 所示为在 Photoshop 中分别绘制红、绿、蓝三种颜色的圆形后再设置图层混合模式为"滤色"的效果，可以看出红色和滤色叠加产生黄色，红色和蓝色叠加产生品红，蓝色和绿色叠加产生青色。青色的互补色是红色，往左拖动滑块，降低青色，照片就会偏向红色；向右拖动滑块，增加青色，照片就会偏向青色，其他颜色以此类推，如图 5-67 所示。

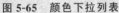

图 5-65　颜色下拉列表

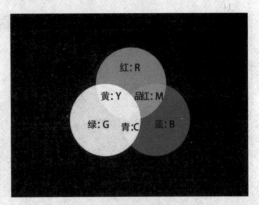

图 5-66　色彩对应关系

图 5-68 中主要有黄色的油菜花、绿色的草地和蓝天。这张照片存在的问题：一是灰度大，不通透；二是颜色平淡，没有层次感，也没有色彩冲击力。

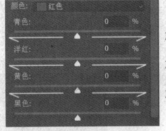

图 5-67　加色原理

图 5-68　原图

使用"色阶"调整图层去除灰度，移动"阴影"滑块和"高光"滑块到有像素的地方，如图 5-69 所示，得到图 5-70 所示效果。此时发现照片通透了许多，但颜色还是没有层次感。

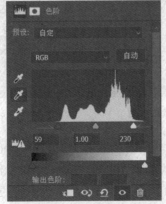

图 5-69　"色阶"调整灰度

图 5-70　"色阶"调整后效果

　　使用"可选颜色"调整图层，首先调整"黄色"，为了使油菜花更黄，直接拖动"黄色"滑块到＋50％位置，同时为了使黄色变亮，拖动"黑色"滑块为−25％，如图 5-71 所示。

图 5-71　调整"黄色"效果和参数设置

　　继续设置"绿色"，为了使草地更绿，就要减少绿色的互补色洋红，拖动"洋红"滑块为−80％，同时增加绿色的组成色青色，拖动"青色"滑块为＋32％，这时绿色变得更绿，如图 5-72 所示。

图 5-72　调整"绿色"效果和参数设置

　　设置"蓝色"，为使蓝天更蓝，减少蓝色的互补色黄色，拖动"黄色"滑块为−100％，同时增加蓝色的组成色青色和洋红，拖动"青色"滑块为＋100％，拖动"洋红"滑块为＋100％；为了使蓝天更亮，再减少黑色，拖动"黑色"滑块为 74％，这时蓝天变得更蓝，如图 5-73 所示。

图 5-73　调整"蓝色"效果和参数设置

　　为了使白云更白，层次感更强，增加白色，拖动"白色"中"黑色"滑块为＋30％；为了使中间调部分更亮，拖动"中性色"中"黑色"滑块为＋30％；为了使暗部提亮，拖动"黑色"中"黑色"滑块为＋50％，如图 5-74 所示。

图 5-74　"白色""中性色""黑色"参数设置

　　调整前后效果对比如图 5-75 所示。整张照片从以前的雾蒙蒙变成了很清晰的效果，颜色也更鲜艳了，层次感也出来了（效果参考"答案\第 5 章\可选颜色"源文件）。

　　在"可选颜色"属性面板上，白色就是调节照片中的高光部分颜色，中性色调节中间调，黑色调节暗部。在属性面板最下方还有调节的方法，一个是"相对"，一个是"绝对"。选择"相对"选项，调整照片颜色时会显得比较柔和，选择"绝对"选项，颜色就显得浓重，最终决定照片颜色的是拖动滑块的数值。

图 5-75　调整前后效果对比

相关知识

互补色是在色谱中原色和与其相对应的颜色之间形成的互为补色关系。在 RGB 色彩模式中,原色有 3 种,即红、绿、蓝,它们是不能再分解的色彩单位。三原色中每两组相配而产生的色彩称为间色,如图 5-66 所示,如红加绿为黄色,绿加蓝为青色,蓝加红为洋红,黄、青、洋红称为间色。红与青、绿与洋红、蓝与黄就是互为补色的关系。由于互补色有强烈的分离性,故在色彩绘画的表现中,在适当的位置恰当地运用互补色,不仅能加强色彩的对比,拉开距离感,而且能表现出特殊的视觉对比与平衡效果。

例如,将洋红色与绿色并列,会显示出洋红更红、绿色更绿,这是因为在两种颜色彼此交接的边缘分别引发其补色绿色和洋红,所以加强了个别色彩的颜色,产生洋红更红、绿色更绿的现象。由于颜色对比使得每一个颜色在自己的周围产生与自身颜色色相相反的对立色,此对立色实际上并不存在,这种现象的产生是视觉上的错觉造成的补色。就像黑色和白色单独存在时,并不会显得白的很白、黑的很黑,但是如果将两者放在一起,就会有白的很白、黑的很黑的现象,这就是对比作用引起的错觉。

思考与练习

将图 5-76 所示的 3 张图片综合运用本章所学知识,调整为图 5-77 所示效果(素材图片在"\素材\第 5 章\练习素材"中。参考"\答案\第 5 章\练习"源文件)。

图 5-76　素材图

图 5-77　处理后效果

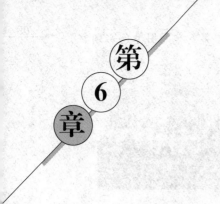

图像修复与合成

随着数码相机的广泛家用,数码照片已经成为现代生活中不可或缺的一部分,对于非专业的数码相机和非专业的摄像者来说,图像修复与合成是一种必备技能,通过第 5 章的学习,我们已经初步掌握了问题图像的诊断和处理方法,在本章中,将对照片的更高阶处理做进一步讲解。

学习目标
(1) 掌握仿制图章工具的使用方法。
(2) 掌握修复画笔工具的使用方法。
(3) 掌握修补工具的使用方法。
(4) 掌握内容感知移动工具的使用方法。
(5) 掌握污点修复画笔及红眼工具的使用方法。
(6) 认识图层混合模式的基本原理。
(7) 熟练图层混合模式的应用。
(8) 熟练掌握蒙版的应用技巧。
(9) 认识通道的工作原理及简单应用。

6.1 图像修复

修复图像与修饰图像是 Photoshop 图像处理的重要内容之一。修复图像主要是对有划痕、污点或破损的图像进行修补,对多余的图像进行擦除;修饰图像则是指对图像局部进行较为细致的处理,如局部润色、模糊等。

修复旧照片中最常用的工具有仿制图章工具、修复画笔工具、污点修复画笔工具、修补工具、内容感知移动工具等。这些工具工作原理相似,但各有各的用处,各有各的长处,在修复有缺陷照片时需要同时并用,才会达到最高的效率和最好的修复效果。

6.1.1 仿制图章工具

仿制图章工具 ⟪图标⟫ 可以将图像的一部分仿制到同一图像的另一部分或仿制到具有相同颜色模式的任何打开的文档的另一部分,也可以将一个图层的一部分仿制到另一个图层。仿制图章工具对于复制对象或移去图像中的缺陷很有用。

1. 使用方法

要使用仿制图章工具,可通过以下几步来完成。

(1) 选择工具箱中的"仿制图章工具"，如图 6-1 所示,将指针放置图像中。

(2) 按住 Alt 键(待光标变为形状)并单击来设置取样点,然后释放鼠标左键和 Alt 键。

(3) 将光标移动到另一个区域上进行拖动绘制。

2. 参数设置

(1) 画笔笔尖。用户可以对仿制图章工具使用任意的画笔笔尖大小,在图像上右击,弹出"画笔"面板,如图 6-2 所示,这将使用户能够准确控制仿制区域的大小。用户也可以使用仿制图章工具选项栏中的"不透明度"和"流量"选项控制对仿制区域应用绘制的方式,如图 6-3 所示。

图 6-1　选择仿制图章工具

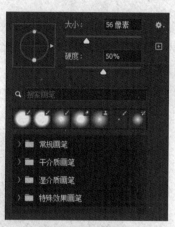

图 6-2　"画笔"面板

图 6-3　仿制图章工具选项栏

(2) 对齐。在仿制图章工具选项栏(见图 6-3)中,勾选"对齐"复选框,可以连续对像素进行取样,即使释放鼠标,也不会丢失当前取样点。如果取消勾选"对齐"复选框,则会在每次停止并重新开始绘制时使用初始取样点中的样本像素。

(3) 样本。在仿制图章工具选项栏右侧,可以通过"样本"下拉列表从指定的图层中进行数据取样。要从当前图层及其下方的可见图层中取样,则选择"当前和下方图层"选项;要仅从当前图层中取样,选择"当前图层"选项;要从所有可见图层中取样,选择"所有图层"选项;要从调整图层以外的所有可见图层中取样,则选择"所有图层"选项,然后单击选项栏右侧的"打开以在仿制时忽略调整图层"按钮。

(4) "切换画笔面板"按钮。单击该按钮,可以打开或关闭"画笔"面板。

(5) "切换仿制源面板"按钮。单击该按钮,可以打开或关闭"仿制源"面板。

【案例6-1】 去除照片中多余的景物。将照片中多余的景物去掉,要求过渡自然,效果如图6-4所示。

图6-4 使用"仿制图章工具"处理图像前后效果对比

要去除画面中多余的景物,要求在取样本和仿制绘制时注意光标的中心位置,以及在涂抹时不要覆盖到其他地方。

操作步骤如下。

(1) 打开"素材\第6章\风景素材.jpg",为了保护原始素材,操作前先复制背景副本,如图6-5所示。

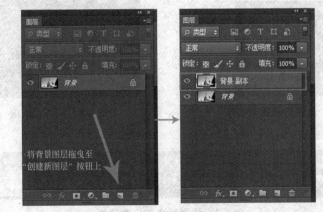

图6-5 复制背景副本

(2) 在工具箱中选择仿制图章工具,在图像上右击,弹出"画笔"面板。拖动"大小"滑块,改变"大小"为45像素,"硬度"为60%,如图6-6所示。

(3) 将光标的圆心放在需要覆盖的物体的旁边,按住Alt键(光标变为形状)并单击来设置取样点,如图6-7所示。

(4) 在要校正的图像部分上拖动光标,涂抹覆盖,注意观察"十"字形光标的位置,如图6-8所示,在拖动时,采样点也会产生一个"十"字形光标并同时移动,移动的方向和距离与正在绘制的部分是相同的。去除照片中多余景物后的效果如图6-9所示(参考"答案\第6章\案例6-1-去除照片中多余的景物.psd"源文件)。

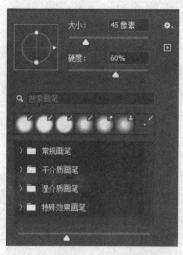

图 6-6　调整笔尖"大小"和"硬度"

图 6-7　选取采样点

图 6-8　涂抹覆盖多余景物

图 6-9　去除照片中多余景物后的效果

6.1.2 修复画笔工具

修复画笔工具(见图 6-10)可用于校正图像中的瑕疵,使它们消失在图像中。与仿制图章工具一样,使用修复画笔工具可以利用图像或图案中的样本像素来绘画。但是,修复画笔工具还可以将样本像素的纹理、光照、透明度和阴影与所修复的像素进行匹配,从而使修复后的像素不留痕迹地融入图像的其余部分。

图 6-10　修复画笔工具

修复画笔工具与仿制图章工具的参数和用法相似,不同的是每次释放鼠标按键时,取样的像素都会与现有像素混合。如果要修复的区域边缘有强烈的对比度,则在使用修复画笔工具之前,要先建立一个选区,选区应该比要修复的区域大。当用修复画笔工具绘画时,该选区将防止颜色从外部渗入。

修复画笔工具的缺点是,使用它修补图像中边缘线时也会自动匹配,所以在对图像中边缘的部分进行修复时,还应使用仿制图章工具。而大面积相似颜色的部分,使用修复画笔工具是非常有优势的,如图 6-11 所示。

🕯️ **提示**:如果要从一幅图像中取样并应用到另一幅图像中,则这两个图像的颜色模式必须相同,除非其中一幅图像处于灰度模式。

【案例 6-2】　去除画面中的海鸥。将天空中的海鸥去除,要求去除自然,无痕迹,效果如图 6-11 所示。

图 6-11　使用"修复画笔工具"前后效果对比

海鸥的背景颜色有差异,选用"修复画笔工具"进行复制可以很好地重现背景,并注意天空与云彩之间的衔接。

操作步骤如下。

(1) 打开"素材\第 6 章\海鸥.jpg",为了保护原始素材,操作前先复制背景副本,如图 6-12 所示。

(2) 在工具箱中选择"修复画笔工具" 🖌️。

(3) 将光标的圆心放置在海鸥附近的天空背景上,按住 Alt 键(光标变为 ⊕ 形状)并单击选取采样点,如图 6-13 所示。

(4) 将光标移到目标位置(海鸥翅膀处),按下鼠标左键拖动,如图 6-14 所示。

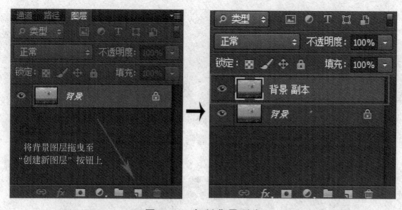

图 6-12　复制背景副本

图 6-13　选取采样点

图 6-14　光标移到目标位置

（5）涂抹覆盖，如图 6-15 所示。注意观察"十"字形光标的位置。

去除海鸥后的效果如图 6-16 所示（参考"答案\第 6 章\案例 6-2-去除海面上的海鸥.psd"源文件）。

图 6-15　涂抹覆盖需要擦除的海鸥

图 6-16　去除海鸥后的效果

6.1.3　污点修复画笔工具

污点修复画笔工具(见图 6-17)继承了修复画笔工具自动匹配的优秀功能,而且将这个功能发挥到了极致。这个工具不需要定义原点,只要确定好图像中需要修复的位置,就会在确定的修复位置边缘自动找寻相似的像素进行自动匹配,也就是说,只要在需要修复的位置画上一笔即可,如图 6-18 所示。

图 6-17　污点修复画笔工具

图 6-18　使用污点修复画笔工具修复图像前后效果对比

6.1.4 修补工具

通过修补工具（见图 6-19），可以使用其他区域或图案中的像素来修复选中的区域。像修复画笔工具一样，修补工具会将样本像素的纹理、光照和阴影与源像素进行匹配。

1. 修补工具选项栏

修补工具选项栏（见图 6-20）中有"正常"和"内容识别"两种模式。"内容识别"选项可合成附近的内容，以便与周围的内容无缝混合。

如果在修补工具选项栏中选择了"源"单选按钮，可将选区边框拖动到想要从中进行取样的区域。释放鼠标按键后，原来选中的区域被使用样本像素进行修补。

图 6-19 修补工具

如果在修补工具选项栏中选择了"目标"单选按钮，可将选区边界拖动到要修补的区域。释放鼠标按键后，将使用样本像素修补新选定的区域。

图 6-20 修补工具选项栏

2. 操作技巧

在没有选区前，修补工具其实就是一个套索工具，在图像中可以任意地绘制选区（应将需要修补的地方框选出来或者将修补的目标源框选出来），也可以使用其他创建选区的方法来创建这个选区。使用"修补工具"拖动该选区，在画面中寻找要修补位置。修补图像中的像素时，选择较小区域以获得最佳效果。

要调整选区，可以在使用修补工具之前使用套索等其他选择工具建立选区。选区的调整有以下几种技巧。

（1）按住 Shift 键并在图像中拖动，可添加到现有选区。

（2）按住 Alt 键并在图像中拖动，可从现有选区中减去一部分。

（3）按住 Alt＋Shift 组合键并在图像中拖动，可选择与现有选区交叠的区域。

【案例 6-3】 去掉照片上的日期。使用修补工具去掉照片上的日期（见图 6-21(a)），要求修补后自然、不留痕迹，效果如图 6-21(b)所示。

由图 6-21(a)可以看出，图片右下方的日期位置正处于地毯上，因此可以在日期附近找到相似元素，然后利用工具箱中的"修补工具"进行修补。

操作步骤如下。

（1）打开"素材\第 6 章\去日期.jpg"。

（2）在工具箱中选择修补工具，框选待修补的部分图像，如图 6-22 中位置 a 所示。

（3）框选完待修补的图像后，将要校正的图像部分位置 a 移动到位置 b 处，如图 6-22中位置 b 处所示，则位置 a 的日期被位置 b 的地毯图案覆盖。

（4）取消选区，修补后的图像效果如图 6-23 所示。

(a) 原图　　　　　　　　　　　　　　　　(b) 修补后

图 6-21　使用修补工具修补图像前后效果对比

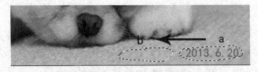

图 6-22　框选待修补的部分图像

图 6-23　修补后的图像效果

6.1.5　内容感知移动工具

使用内容感知移动工具 ![icon]（见图 6-24）移动图片中的对象，并随意放置到合适的位置。移动后的空隙位置将由 Photoshop 智能修复。"移动"模式用于将对象置于不同的位置中（在背景相似时最有效）。"扩展"模式可对头发、树枝或建筑物等对象进行扩展或收缩，效果逼真。

内容感知移动工具选项栏如图 6-25 所示。

该工具有"移动"和"扩展"两种工作模式。在"移动"模式下，首先将需要移动的物体通过"套索工具"框选，然后移动到新的位置，即可看到经过软件的运算后自动填补被移走物体移走前所在位置的背景。"扩展"模式的用法和"移动"

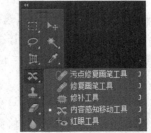

图 6-24　内容感知移动工具

图 6-25 内容感知移动工具选项栏

模式类似,首先都要先框选所要扩展的部分,然后往想要扩展的方向拖动,程序会自动完成扩展的过程。

【案例 6-4】 移动对象的位置和复制对象。使用内容感知移动工具移动或复制照片中吃草的鹿(见图 6-26(a)),要求移动后背景自然、不留痕迹,效果如图 6-26(b)所示。

(a) 原图　　　　　　　　　　　　　　(b) 移动后

图 6-26 使用内容感知移动工具移动图像前后的效果对比

本例完成两种模式的操作,"移动"或"扩展"图 6-26(a)中左侧吃草的鹿到图的右侧。操作步骤如下。

(1) 打开"素材\第 6 章\内容感知移动.jpg"素材图片文件。

(2) 在工具箱中选择内容感知移动工具 ,在工具选项栏中设置"模式"为"移动","结构"为 4,然后框选待移动的对象,如图 6-27 所示。

图 6-27 使用"内容感知移动工具"框选要移动的对象

（3）拖动选区到右侧适当的位置，松开鼠标左键完成移动，如图 6-28 所示。

图 6-28　移动对象到右侧合适的位置

（4）在选区外单击，取消选择，得到图 6-26（b）效果。

（5）保存文件（参考"答案\第 6 章\案例 6-4-内容感知移动.psd"源文件）。

（6）重复步骤（2）～（4），只是在第（2）步中改变工具选项栏的模式为"扩展"，得到如图 6-29 所示效果。

图 6-29　复制对象到右侧合适的位置

6.1.6　红眼工具

1. 产生红眼的原因

由于闪光灯的闪光轴与镜头的光轴平行，在光线较暗的环境下人的瞳孔张开得比较大，如果拍摄时打开了闪光灯，瞳孔来不及收缩，此时眼底视网膜上的毛细血管就会被记录下来，反映在照片上就表现为人眼发红的现象。

2. 使用方法

"红眼工具" 主要用来处理照片中由于使用闪光灯引起的红眼现象，使用起来极为简单，只需要框选红眼区域就可以将其消除，如图 6-30 所示。

图 6-30　消除红眼

6.2　图像合成

图像合成是指将图片中物体分离出来，然后重新组合，达到新的构图目的的一种创作方式。与图像处理（狭义）不同，后者图像的表现内容不会发生变化，只是表现的形式（曝光、色彩等）发生改变，而图像合成作品的内容和构成会发生改变，两者同属于广义的图像处理范畴。

图像合成时，前景不透明的像素就按照前景输出，前景透明的像素就按照背景输出，介于透明和不透明之间像素按照透明度混合输出。在 Photoshop 中是用图层的形式进行组织图像，每个图层都是一个单独的图像，背景是一个图层，前景是另一个图层。两个图层在空间上有遮挡关系，操作者可以自由改变任意一个图层的属性（如进行调整、修饰、移动等），而不会影响其他的图层。输出时，图层按照遮挡关系合并成一个完整的图像。当然，当合成的前景对象不止一个时，可以有多个前景图层。

总的说来，图像的合成就是图层之间以不同的透明度、不同的色彩混合、重叠。用图层混合模式、蒙版、通道来改变图层的不透明度以及色彩的重叠混合方式。

6.2.1　图层混合模式高级运用

Photoshop CC 提供了多种图层混合模式，更新了图层样式，再通过蒙版的使用，可以制作出更有创意的图像作品。

图层混合模式在图像处理中被广泛应用，特别是在多个图像合成方面更有其独特的作用，使图层产生特殊的效果。

混合模式需要两个以上的图层，位于下方的图层称为"基色"，放在上方且选择混合模式的图层称为"混合色"，两者相加得出的颜色称为"结果色"。

通过设置"图层"面板中的"图层混合模式"选项（见图 6-31）混合图层得到新的图像。在图像处理中，尤其是在图像合成方面，图层混合模式非常实用。例如，对于过亮的图像经常会采取"正片叠底"混合模式来压暗图像，对于过暗的图像会采取"滤色"混合模式来加亮图像，而对于反差不好的图像则经常使用"叠加"类混合模式来改善。

1. 正常模式

（1）正常：系统默认的状态，通过设置不透明度和填充达到与下层融合的目的。

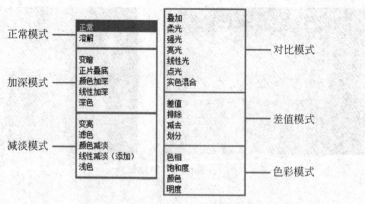

图 6-31   "图层混合模式"选项

（2）溶解：在降低图层的不透明度以后，可以使半透明区域上的像素离散，产生点状颗粒效果。

2. 加深模式

（1）变暗：变暗不会将两个图层完全混合，它会去掉混合色图像和基色图像的亮度，较亮的像素会被较暗的像素取代，最后结果显示两者中更暗的像素。

（2）正片叠底：Photoshop 中最常用的混合模式之一。白色不起任何作用，直接被隐藏，露出下方图层中的内容；"变暗"不生成新的颜色，而"正片叠底"则会生成新的颜色。如图 6-32(a)所示，在原图上放一个白色背景的远山图层，不用抠图，直接修改混合模式为"正片叠底"，即可达到如图 6-32(b)所示效果（参考"答案\第 6 章\正片叠底.psd"源文件）。

(a) 原图   (b) "正片叠底" 效果

图 6-32   原图和添加"正片叠底"效果

（3）颜色加深：在保留了白色的情况下，通过软件计算每个通道中白色以外的颜色信息，以增加对比度的方式，使背景图层变暗，再与下方图层混合。

（4）线性加深：通过减小亮度使图像像素变暗，同样与白色混合不产生变化。

（5）深色：通过比较两个图像的所有通道数值的总和，然后显示数值较小的颜色。

这 5 种混合模式的结果都是让处理的照片变得更暗。在这些混合模式下，白色将会变得完全透明。

3. 减淡模式

（1）变亮：与"变暗"完全相反。对当前图层和下方图层的 RGB 通道中的颜色亮度值进行比较，比当前图层暗的内容被替换，比当前图层亮的内容不变。计算后的结果是黑色完全透明，而白色则没有任何变化，完全保留。从黑色到白色的过渡，则以不同的透明度来显示。

（2）滤色：与"正片叠底"作用完全相反。与黑色混合时颜色不变，与白色混合时产生白色。如图 6-33 所示，图 6-33（a）为原图，图 6-33（b）为加入烟雾素材后调整大小和位置，图 6-33（c）是设置烟雾"图层混合模式"为"滤色"，"不透明度"为 50％ 的效果（参考"答案\第 6 章\滤色.psd"源文件）。

　　(a) 原图　　　　　　　　　(b) 加入烟雾图片　　　　　(c) "正片叠底" 效果

图 6-33　原图、加入烟雾图片和添加"正片叠底"效果

（3）颜色减淡：与"颜色加深"正好相反。会加亮图层的颜色值，加上的颜色越暗，效果越细腻。通过降低对比度，加亮底层颜色来反映混合色彩。与黑色混合没有任何效果，同样也是看不到黑色的。

（4）线性减淡（添加）：与颜色减淡基本相同，但是亮一点的像素会变得更亮，而对比度和饱和度会略有下降，同样不包括黑色。

（5）浅色：是通过计算混合色与基色所有通道的数值总和，哪个数值大就选为结果色，因此结果色只能在混合色与基色中选择，不会产生第三种颜色。

4. 对比模式

（1）叠加：所有暗度高于 50％ 的灰色内容会做"正片叠底"处理，所有暗度低于 50％ 的灰色内容会做"滤色"处理。

（2）柔光：会依据上层图像的明暗度来加深或加亮图片色彩，以 50％ 灰色为基准。上面图层像素比 50％ 灰色淡的，加亮图片色彩；比 50％ 灰色深的，则会加深图片色彩；与 50％ 灰色一样的，则不起作用。如图 6-34 所示，按 Ctrl＋J 组合键复制原图，在复制图层上加上柔光混合模式，颜色更加鲜艳，对比度也增加了（参考"答案\第 6 章\柔光.psd"源文件）。

（3）强光：根据绘图色来决定是执行"正片叠底"还是"滤色"模式。当绘图色比 50％ 的灰色要亮时，则底色变亮，像执行"滤色"模式一样，这对增加图像的高光非常有帮助；当

(a) 原图　　　　　　　　　　　　　　　　　　(b) "柔光" 效果

图 6-34　原图和添加"柔光"效果

绘图色比 50% 的灰色要暗时,则底色变暗,像执行"正片叠底"模式一样,可增加图像的暗部。当绘图色是纯白色或黑色时得到的是纯白色和黑色。此效果与耀眼的聚光灯照在图像上相似。

(4) 亮光:通过增加或降低对比度来加深或减淡颜色,具体取决于混合色。如果混合色(光源)比 50% 灰色亮,则通过减小对比度使图像变亮;如果混合色比 50% 灰色暗,则通过增加对比度使图像变暗。

(5) 线性光:通过增加或降低亮度来加深或减淡颜色,具体取决于混合色。如果混合色(光源)比 50% 灰色亮,则通过增加亮度使图像变亮;如果混合色比 50% 灰色暗,则通过降低亮度使图像变暗。

(6) 点光:替换颜色具体取决于混合色。如果混合色(光源)比 50% 灰色亮,则替换比混合色暗的像素,而不改变比混合色亮的像素;如果混合色比 50% 灰色暗,则替换比混合色亮的像素,而不改变比混合色暗的像素。这对于向图像添加特殊效果非常有用。

(7) 实色混合:将绘图颜色与底图颜色的颜色数值相加,当相加的颜色数值大于该颜色模式颜色数值的最大值时,混合颜色为最大值;当相加的颜色数值小于该颜色模式颜色数值的最大值时,混合颜色值为 0;当相加的颜色数值等于该颜色模式颜色数值的最大值时,混合颜色由底图颜色决定,底图颜色值比绘图颜色的颜色值大,则混合颜色为最大值,相反则为 0。实色混合能产生颜色较少、边缘较硬的图像效果。

5. 差值模式

(1) 差值:查看每个通道中的颜色信息并从基色中减去混合色,或者从混合色中减去基色,具体取决于哪一个颜色的亮度值更大。与白色混合将反转基色值;与黑色混合则不产生变化。

复制原图(Ctrl+J),设置复制的图层混合模式为"差值",在移动工具下,按键盘上的上、下、左、右键,向上、向右各移动一次,可以制作类似滤镜中"照亮边缘"的效果,如图 6-35 所示(参考"答案\第 6 章\差值.psd"源文件)。

(2) 排除:创建一种与"差值"模式相似但对比度更低的效果。与白色混合将反转基色值,与黑色混合则不发生变化。

(3) 减去:从基色中减去混合色,减去亮度后结果会变暗,而对比较暗的部分没有效果。如果混合色和基色相同,结果色就是黑色。

(4) 划分:与"减去"混合模式完全相反,"划分"模式是基色分割混合色,如果混合色

图 6-35　原图和添加"差值"效果

与基色相同,其结果为白色。

6. 色彩模式

（1）色相:只对使用混合色的色相进行着色,饱和度和亮度均保持不变。只有当基色与混合色颜色值不同时,才能使用画笔进行着色。

（2）饱和度:只会改变图片的饱和度,不会影响色相和亮度。它是使用混合色的饱和度值进行着色,色相和亮度均不受影响。当基色和混合色的饱和度数值不同时,才能使用画笔涂抹处理。

（3）颜色:可将当前图像的色相和饱和度应用到下层图像中,而且不会修改下方图层的亮度。可以保留图像中的灰阶,并且对于给单色照片上色非常有用。如图 6-36 所示,图 6-36（a）为原图,图 6-36（b）为新建一个图层,然后渐变填充颜色,图 6-36（c）为设置新建图层混合模式为"颜色"的效果。

（a）原图　　　　　　　　（b）渐变填充样式　　　　　　（c）"颜色"混合模式效果

图 6-36　原图、渐变填充样式、添加"颜色"混合模式效果

（4）明度:与"颜色"模式正好相反。使用混色和的亮度值进行着色,将当前图层的亮度应用于下方图层中,不会改变下方图层的色相、饱和度,其实就是用下方图层中的色相、饱和度加上混合色中的亮度共同创建一个结果色。

【案例 6-5】　合成一张人物写真照片。使用所给素材合成一幅人物的写真照片,如图 6-37 所示,可充分利用图层之间的混合模式来达到合成效果。

操作步骤如下。

（1）新建文件"合成照片.psd"，选择"文件"|"新建"命令，在打开的"新建"对话框中进行设置，如图 6-38 所示，单击"确定"按钮。

图 6-37　合成人物的写真照片

图 6-38　"新建"对话框参数设置

（2）打开"素材\第 6 章\背景图 1.jpg"，将其复制到新建文件中，并调整到与文件的大小一致，如图 6-39 所示。

图 6-39　复制背景图 1

（3）打开"素材\第 6 章\人物写真照.jpg"，将其复制到新建文件中。选择"编辑"|"自由变化"命令（或按 Ctrl＋T 组合键），调整图片大小，并设置图层混合模式为"变暗"，如图 6-40 所示。

（4）打开"素材\第 6 章\背景图 2.jpg"，将其复制到新建文件中，选择"编辑"|"自由变化"命令（或按 Ctrl＋T 组合键），并适当调整图片大小，如图 6-41 所示。

（5）设置混合模式为"变亮"，这时可以看到图片与背景已经融合到了一起，但是颜色有些过亮，所以调整"不透明度"为 70％，让闪耀的光斑更好地与人物、背景融合到一起，如图 6-42 所示。

图 6-40　设置"图层 2"的混合模式

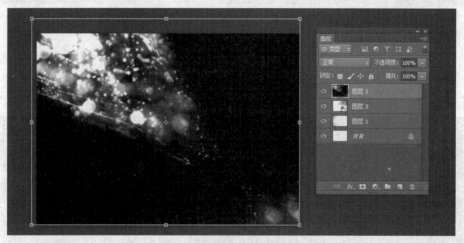

图 6-41　调整"背景图 2"大小

图 6-42　设置"图层 3"的混合模式

（6）下面再配上文字，并将"春天"两个字放大，如图 6-43 所示。

图 6-43 放大文字

（7）最后为文字加上投影效果，如图 6-44 所示，一幅利用混合模式合成的人物写真照就完成了（参考"答案\第 6 章\案例 6-5-合成人物写真.psd"源文件）。

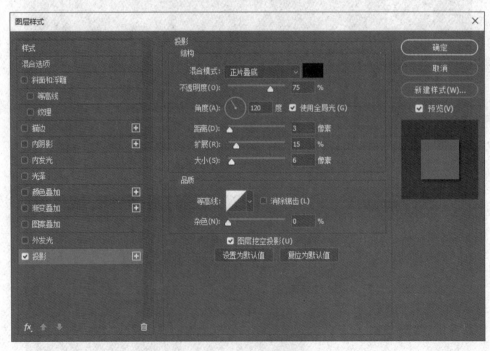

图 6-44 为文字添加投影

6.2.2　蒙版

1. 蒙版功能概述

蒙版将不同的灰度色值转化为不同的透明度，使受其作用的图层上的图像产生相对应的透明效果。蒙版的模式为灰度，范围为 0～100%。黑色部分作用到图层时为完全透明，白色为完全不透明，从黑色至白色过渡的灰色上依次为由完全透明过渡到完全不透明，如图 6-45 所示。蒙版是将不同的灰度值转化成不同的透明度，并作用到它所在的图层，使图层的不同部位产生相应的变化，其中黑色为透明，白色为不透明，灰色为半透明。

图 6-45　为图像添加不同灰度级别的蒙版

透明的程度则由灰度来决定，灰度为百分之多少，这块区域将以百分之多少的透明度来显示，如图 6-46 所示。利用蒙版的这种特性，在对图片进行融合、淡化等处理时有效地使用蒙版，会得到比羽化选区更柔和的效果。

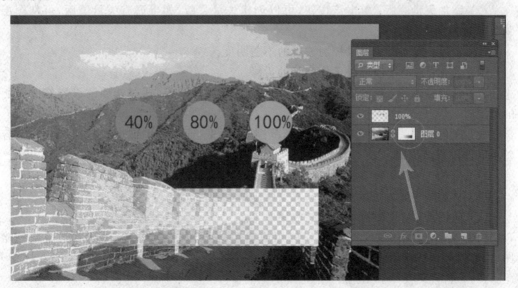

图 6-46　蒙版作用于图像上改变了不透明度

在图像处理中,抠图是最常用的,路径抠图适合做边缘整齐的图像,魔棒抠图适合做颜色单一的图像,套索适合做边缘清晰的图像,通道适合做影调能做区分的图像。那么,对于边缘复杂、颜色丰富、边缘不清晰、影调跨度大的图像,可以用前面所讲到的一些智能抠图命令,如"主体""焦点区域"、对象选择工具、快速选择工具等,但有时效果不是很令人满意,这时就需要用蒙版来做。当然蒙版也不只是抠图,还可以用于局部颜色的调整。

2."蒙版"属性面板

"蒙版"属性面板如图 6-47 所示。

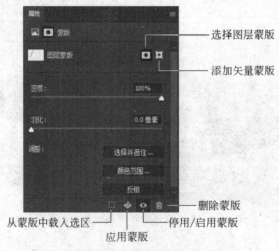

图 6-47 "蒙版"属性面板

(1) 选择图层蒙版:单击该按钮,可以从矢量蒙版回到图层蒙版。

(2) 添加矢量蒙版:单击该按钮,可以创建矢量蒙版,如果已有矢量蒙版,可从图层蒙版回到矢量蒙版。

(3) 密度:拖动滑块可以控制蒙版的不透明度。

(4) 羽化:拖动滑块可以柔化蒙版的边缘。

(5) 选择并遮住:单击可以弹出"选择并遮住"属性面板,通过选项的设置修改蒙版的边缘。

(6) 颜色范围:单击可以弹出"色彩范围"对话框,通过在图像中取样并调整颜色容差可以修改蒙版范围。

(7) 反相:可以翻转蒙版的遮盖区域。

(8) 从蒙版中载入选区:可以载入蒙版中所有选区。

(9) 应用蒙版:即时显示蒙版的应用效果。

(10) 停用/启用蒙版:单击可以停用或启用蒙版,或者按住 Shift 键单击蒙版缩略图,也可以停用或启用蒙版。

(11) 删除蒙版:可以删除当前选择的蒙版。

3.蒙版的作用

蒙版是用来保护图像的任何区域都不受编辑的影响,并能使对它的编辑操作作用到它所在的图层上,从而在不改变图像信息的情况下得到实际的操作结果。对蒙版的修改、变形等编辑是在一个可视的区域里进行,与对图像的编辑一样方便,具有良好的可控制性。

(1)修改方便,不会因为使用橡皮擦或剪切删除而造成不可撤回的后果,如图 6-48 所示。使用黑色画笔在蒙版中擦除后,还可以切换成白色画笔涂抹还原回来。

图 6-48 对于蒙版的误操作不会影响图层

(2)应用广泛,任何一张灰度图都可用来作为蒙版,如图 6-49 所示。图中写出了该例的制作步骤(参考"答案\第 6 章\灰度图蒙版.psd"源文件)。

图 6-49 灰度图片作为蒙版来使用

(3)无痕拼接,可配合渐变工具形成渐变蒙版,从而实现无痕的融合效果,如图 6-50 所示。

图 6-50 无痕拼接

（4）随意替换，创建复杂边缘选区，替换局部图像，如图 6-51 所示。

图 6-51 替换局部图像

（5）局部调整，结合调整层来随心所欲调整局部图像，如图 6-52 所示。

4. 蒙版的分类

蒙版分为四类：图层蒙版、剪贴蒙版、矢量蒙版和快速蒙版。

1）图层蒙版

在 Photoshop 中可以在图层中添加蒙版，然后通过在图层蒙版中绘制黑色、灰色和白色来控制图层的显隐。如图 6-53 所示，在蒙版中显示黑色区域，在其图层对应的内容会

变成透明;灰色区域变成半透明,不同程度的灰度产生不同层次的透明;白色区域变成不
透明,即对应的区域完全显示出来。

图 6-52　结合调整层实现局部调整

图 6-53　不同明度产生的透明不同

2) 剪贴蒙版

剪贴蒙版作用于两个或两个以上的图层,下面的图层称为基层,位于其上的图层称为
顶层,基层只能有一个,顶层可以有若干个,但必须是连续的。用基层的形状限制顶层的
形状。剪贴蒙版的好处在于不会破坏顶层的完整性,可以随意在下层处理。

创建剪贴蒙版的方式有三种。

(1) 选择顶层,选择"图层"|"创建剪贴蒙版"命令(组合键 Alt+Ctrl+G),即可创建
剪贴蒙版。

(2) 在"图层"面板顶层上右击,在弹出的选项栏中选择"创建剪贴蒙版"选项。

(3) 按住 Alt 键,在"图层"面板单击两个图层的中缝,也可以创建剪贴蒙版。

选择基层,右击,在弹出的选项栏中选择"释放剪贴蒙版"选项(组合键 Alt+Ctrl+G)即
可把基层释放出来。

3) 矢量蒙版

矢量蒙版,也称为路径蒙版,可以使用钢笔工具和形状工具进行编辑修改,从而改变
蒙版的遮罩区域,也可以对它任意缩放而不必担心产生锯齿。

4) 快速蒙版

单击工具箱中的"快速蒙版"图标,快速蒙版是一种临时蒙版,它可以在临时蒙版和选

区之间快速转换。使用快速蒙版将选区转为临时蒙版后,可以使用任何绘画工具或滤镜编辑和修改它,但是快速蒙版不具备存储功能。使用方法如下。

(1) 打开图像,单击工具箱下方的"以快速蒙版模式编辑"按钮　或按 Q 键,切换为快速蒙版的编辑状态。

(2) 使用黑色画笔工具在需要选择的位置涂抹,直至目标区域全部为半透明红色,如图 6-54 所示。

💡 **提示**:如果涂抹错误,可使用白色画笔修改。

图 6-54　快速蒙版的编辑状态

(3) 再次单击工具箱最下方的按钮　,切换为标准编辑状态。

(4) 图像中除去红色透明区域的部分转化成了选区,如图 6-55 所示。

如果要对该选区进行修改,可以再次单击工具箱最下方的"以快速蒙版模式编辑"按钮　,重新进入快速蒙版编辑状态。编辑后再单击工具箱最下方的"以标准模式编辑"按钮　,回到标准模式编辑状态。

5. 图层蒙版的使用方法

创建图层蒙版的方式有三种:①直接在图层上创建蒙版,②建立选区之后创建蒙版,③把图像创建成蒙版。每个图层只能有一个图层蒙版,再次单击"添加图层蒙版"按钮　,则创建一个矢量蒙版。图层组、文字图层、智能对象、3D 图层等特殊的图层也可创建图层蒙版。

1) 直接在图层上创建蒙版

选择需要修改的图层,单击"图层"面板下方的"添加图层蒙版"按钮　,即可创建蒙版。该图层缩略图的右侧会出现一个白色图层蒙版缩略图的图标,该添加蒙版图层会全部显现,如图 6-56 所示,这时添加蒙版的图层完全显现。按住 Alt 键单击"添加图层蒙版"按钮 ◙,可以创建一个遮盖图层的蒙版,蒙版缩略图显示为黑色,该图层完全被遮盖,如图 6-57 所示。可以使用画笔工具、渐变工具或油漆桶工具,只要是能够创建黑白效果的工具都可以作用到蒙版上。

图 6-55 标准模式的编辑状态

图 6-56 添加白色图层蒙版

图 6-57 添加遮盖图层蒙版

【案例 6-6】　合成鸟猫。把鸟头换成猫头,完成两种动物的合成。

操作步骤如下。

(1) 打开"素材\第 6 章\鸟.jpg"素材图片文件,并将其另存为"合成.psd"。

(2) 置入"素材\第 6 章\猫.jpg"素材图片文件,设置透明度为 50%,效果如图 6-58 所示(透明度值为参考,目的是观看猫头的位置和大小是否符合鸟的大小)。

(3) 按 Ctrl+T 组合键,调整"猫图层"图像的大小、旋转和位置,使两个头部相融合。

(4) 为"猫图层"添加蒙版,设置图层透明度为 100%,使用画笔工具(B),设置画笔硬度为 0,前景色为黑色,把猫的背景去掉,效果如图 6-59 所示。

图 6-58　调整透明度　　　　　　　　　　图 6-59　调整后效果

💡 提示:设置比较大的画笔,先把与猫主体距离远的地方涂抹掉,再用小笔刷在离猫近的地方涂抹,随时按 [和] 键随时调整画笔大小,如果不小心涂抹到不能去掉的部分,按 D 键把前景色和背景色设置成默认的前景色为白色、背景色为黑色,按 X 键随时切换前景色和背景色。

(5) 设置画笔透明度为 30%,在猫和鸟相接部分涂抹,使其更好地融合,效果如图 6-60 所示。

(6) 新建图层,设置画笔为白色,在猫的鼻翼和额头部分涂抹,如图 6-61 所示。设置图层混合为"柔光",使猫的受光面与鸟一致,效果如图 6-62 所示。

图 6-60　去掉"猫"背景　　　　图 6-61　猫和鸟相融合　　　　图 6-62　调整高光

（7）新建图层，拖动新建"图层 2"图层到"背景"图层之上，设置画笔为黑色，在鸟的脖子部分涂抹，如图 6-63 所示。设置图层不透明度为 30%，最终效果如图 6-64 所示（参考"答案\第 6 章\案例 6-6-合成鸟猫.psd"源文件）。

图 6-63　涂抹黑色

图 6-64　最终效果

2）建立选区之后创建蒙版

如果在文档中有选区，可以回到需要创建图层蒙版的图层，单击"添加图层蒙版"按钮 ⬤，即可显示当前图层对应的选区，隐藏选区以外的部分。

3）把图像创建成蒙版

把要做蒙版的图像选中，回到创建蒙版的图层，按住 Alt 键单击蒙版缩略图，可以在新窗口打开蒙版，然后粘贴复制好的内容，即可把图像创建成蒙版。

【案例 6-7】　把玻璃瓶扣出。

操作步骤如下。

（1）打开"素材\第 6 章\玻璃瓶.jpg"素材图片文件，并将其另存为"玻璃瓶.psd"。

（2）按 Ctrl＋J 组合键，复制背景图层，然后选择"图像"|"调整"|"去色"命令（组合键 Ctrl＋Shift＋U），如图 6-65 所示。

图 6-65　去色

（3）选择"图像"|"调整"|"反相"命令（Ctrl＋I），然后选择"图像"|"调整"|"色阶"命令（Ctrl＋L），设置瓶子周围为最黑处，同时向左移动"高光"滑块，使白色界限更明显，如图 6-66 所示。

图 6-66　调整色阶

（4）全选（Ctrl＋A）"背景 拷贝"图层，再复制（Ctrl＋C），给背景图层添加蒙版。按住 Alt 键单击蒙版小图标，打开蒙版图像，然后按 Ctrl＋V 组合键粘贴刚才复制的图层到蒙版中，如图 6-67 所示。

图 6-67　粘贴到蒙版中

（5）在蒙版图像中，使用画笔工具，设置前景色为白色，涂抹瓶塞部分（瓶塞应为不透明的，所以这部分区域用画笔涂成白色），如图 6-68 所示。

（6）使用画笔工具，设置前景色为黑色，涂抹瓶底倒影部分（倒影为不要部分，所以这部分区域涂成黑色），如图 6-69 所示。

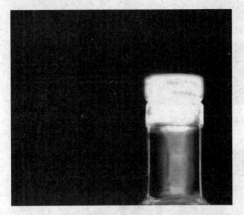

图 6-68　涂抹瓶塞位置

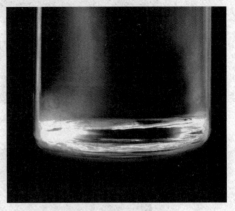

图 6-69　黑色涂抹倒影

（7）隐藏"背景 拷贝"图层，得到如图 6-70 所示效果。

图 6-70　最终效果

（8）导入其他背景图中，效果如图 6-71 所示（参考"答案\第 6 章\案例 6-7-玻璃瓶抠图.psd"源文件）。

【案例 6-8】　制作怀旧照片。把三幅图片合成到一起，设计一张怀旧的芭蕾舞照片，如图 6-72 所示。

利用蒙版将三幅图通过不透明度的调整结合在一起，注意蒙版渐变类型的

图 6-71　导入背景图中的效果

图 6-72　合成前后效果对比

合理使用。

操作步骤如下。

（1）打开"素材\第 6 章\怀旧背景.jpg"，再将"素材\第 6 章\怀旧照.jpg"置入，选择"编辑"|"自由变换"命令（或按 Ctrl＋T 组合键），调整图片大小，使图片和背景大小一致，如图 6-73 所示。

（2）将"图层 1"的"混合模式"设为"深色"，并为它添加图层蒙版，选择由黑到白的线性渐变，从右往左进行拖拉，将右边的萨克斯隐藏，效果如图 6-74 所示。

（3）打开"素材\第 6 章\芭蕾舞.jpg"，将它置入到画面中，并调整其大小，效果如图 6-75 所示。

（4）给"图层 2"添加图层蒙版，选择黑白线性渐变，从左往右进行拖拉，将人物的左边背景擦去，如图 6-76 所示。

图 6-73 置入图片并调整图片大小

图 6-74 为"图层 1"添加图层蒙版

图 6-75 置入舞者照片

（5）这时人物与背景已经很好地融合到了一起，但是芭蕾舞者照片的颜色和背景还不统一，还需要对它进行色相的调整。选择"图像"|"调整"|"色彩平衡"命令，对各个数值进行调整，使照片的颜色和背景统一，效果如图 6-77 所示。这样一幅具有怀旧风情的芭蕾舞的照片就制作完成了，效果如图 6-78 所示（参考"答案\第 6 章\案例 6-8-怀旧照片.psd"源文件）。

图 6-76　给"图层 2"添加图层蒙版

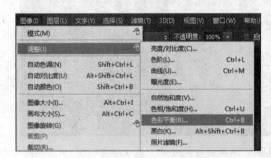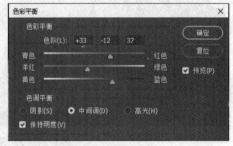

图 6-77　调整色彩平衡

图 6-78　照片合成效果

6.2.3 通道

1. 通道功能概述

通道就是记录和保存信息的载体,它能够保存图像的颜色信息和选择信息。通道的本质就是灰度图像,所以对通道的编辑过程本身就是一个调整图像的过程。使用其他工具调整图像的过程实质上是改变通道的过程,换一个角度来思考,就是可以对通道进行调整以达到改变图像的目的。

"通道"面板的底部共有 4 个按钮,如图 6-79 所示。

(1) ▧：在当前图像上调用一个颜色通道的灰度值并将其转换为选区区域。

(2) ▣：将当前选区存储到一个 Alpha 通道中。

(3) ⊞：在当前图像中创建一个新的 Alpha 通道。

(4) 🗑：当把一个通道拖放到该按钮上时,这个通道将被删除。

图 6-79 "通道"面板

2. 通道的分类

通道就是存储不同类型信息的灰度图像,种类有以下 3 种。

1) 颜色通道

颜色通道是图像固有的通道,根据色彩模式自动产生颜色通道。如图 6-80 所示,图中分别是 RGB 模式和 CMYK 模式以及图像打开时,"通道"面板显示的状态。其中,"通道"面板上的第一层并不是一个通道,而是各个通道组合到一起的显示效果。

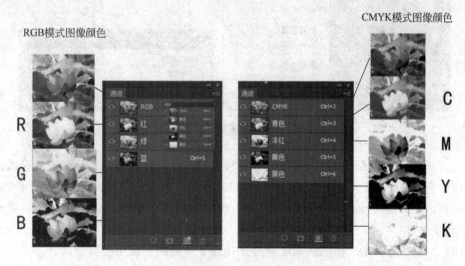

图 6-80 "通道"面板的颜色通道

一般地,一张真彩色图像的分色胶片是 4 张透明的灰度图,单独看每一张单色胶片时不会发现什么特别之处,但如果将这几张分色胶片分别以 C(青)、M(洋红)、Y(黄)和 K(黑) 4 种颜色并按一定的角度叠印到一起时,会发现这原来是一张绚丽多姿的彩色照片。

2）Alpha 通道

图像中除了固有的颜色通道，用户还可以定义自己的
Alpha 通道。该通道常用于编辑、存储选区信息，单击"创建
新通道"按钮  ，可新建 Alpha 通道，如图 6-81 所示。

3）专色通道

存储油墨信息的通道与 CMYK 色彩模式很相似，所以
在所有支持专色通道的色彩模式下，专色通道与 CMYK 模
式下的颜色通道很相似，都是以黑色来表示有油墨的区域，
白色表示无油墨区域，灰度则表示某种油墨的分布密度。单
击"通道"面板右上方按钮 ▾≡ ，在打开的菜单中选择"新建专
色通道"命令，在弹出的"新建专色通道"对话框中可对相关
选项进行设置，如图 6-82 所示。

图 6-81　创建 Alpha 通道

3. 通道存在的意义

在通道中记录了图像的大部分信息，这些信息从始至终与操作密切相关。通道的作
用主要有以下几种。

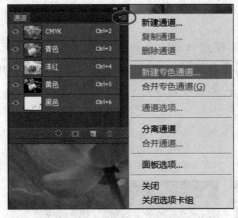

图 6-82　打开"新建专色通道"对话框

（1）表示选择区域即白色代表的部分。利用通道可以建立细如发丝般的精确选区。

（2）表示墨水强度。利用"信息"面板可以体会到这一点，不同的通道都可以用 256 级
灰度来表示不同的亮度。红色通道里的一个纯红色的点在黑色的通道上显示就是纯黑
色，即亮度为 0。

（3）表示不透明度。不同的灰度百分比代表了不同的不透明度百分比。

（4）表示颜色信息。预览红色通道，无论光标怎样移动，"信息"面板上都仅有 R 值，
其余的都为 0。

【**案例 6-9**】　制作洗发水的广告。使用图 6-83 所示的素材图片，利用通道合成一幅
洗发水的广告，效果如图 6-84 所示。

利用"通道"面板将素材中的人物复制到背景图中，合成一幅洗发水广告。

图 6-83　素材图片

图 6-84　利用"通道"合成的效果

操作步骤如下。

（1）打开"素材\第 6 章\薰衣草.jpg"和"光斑.jpg"，将"光斑.jpg"拖入"薰衣草"背景中。选择"编辑"｜"自由变换"命令（Ctrl＋T）调整图片大小，"混合"模式选择"叠加"，使光斑融入薰衣草背景中，如图 6-85 所示。

（2）打开"素材\第 6 章\人物.jpg"，进入"通道"面板。通过观察红、绿、蓝三个通道，发现绿色通道黑白效果比较明显。选择绿色通道，再选择"图像"｜"计算"命令，在弹出的"计算"对话框中，选择绿色通道，"混合"模式选择"正片叠底"，"不透明度"为 100％，如图 6-86 所示。

（3）选择钢笔工具将人物除飘起的头发其余的部分抠取出来，形成选区，效果如图 6-87 所示。

（4）确定前景色为黑色，背景色为白色，将选区填充为黑色，反选，调整曲线（Ctrl＋M），使背景的黑白更加分明，如图 6-88 所示。

图 6-85　设置"图层 1"混合模式

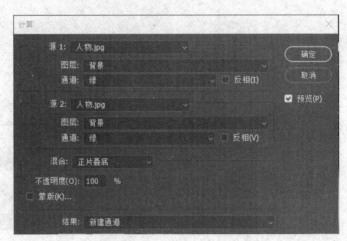

图 6-86　计算通道

图 6-87　抠取人物头发的效果

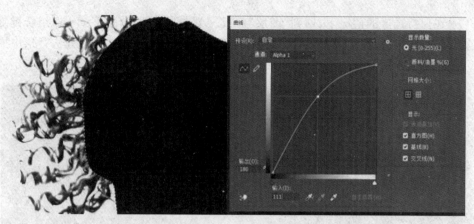

图 6-88　调整曲线

（5）取消选区，选择"图像"|"调整"|"反相"命令，效果如图 6-89 所示。

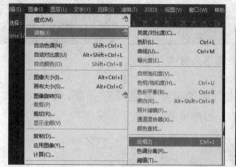

图 6-89　"反相"效果

（6）按住 Ctrl 键，单击 Alpha 1 通道，形成选区，选中人物。单击 RGB 通道，如图 6-90 所示。

图 6-90　选中人物，回到 RGB 通道

（7）在保持选区的情况下，回到"图层"面板。单击背景图层，按 Ctrl＋C 组合键复制选区。新建"图层 1"，按 Ctrl＋V 组合键粘贴图层。取消选区，这时人物就从背景中提取出来了，如图 6-91 所示。

图 6-91　抠选人物

（8）这时发现在人物的胳膊上还有一处白色的背景图层没有分离，使用魔棒工具单击白色区域，形成选区，按 Delete 键删除选区，如图 6-92 所示。

图 6-92　删除背景白色区域

（9）将抠取出来的人物移动到前面制作好的背景图层中，形成"图层 2"。选择"编辑"｜"自由变换"命令（Ctrl＋T）调整图片大小，如图 6-93 所示。

（10）打开"素材\第 6 章\洗发水.jpg"，将洗发水使用钢笔工具抠取出来，复制到文件中形成"图层 3"，并调整其大小，如图 6-94 所示。

（11）最后输入文字，这样一幅洗发水广告就制作完成了，效果如图 6-95 所示（参考"答案\第 6 章\案例 6-9-洗发水广告.psd"源文件）。

图 6-93　放入人物,调整大小

图 6-94　放入洗发水并调整大小

图 6-95　洗发水广告效果

6.3 综合应用举例

6.3.1 祛斑美白

【**案例 6-10**】 祛斑美白。把素材女孩面部的雀斑去掉,细化、美白肌肤,达到如图 6-96 所示的效果。

操作步骤如下。

图 6-96　祛斑前后对比效果

(1) 打开"素材\第 6 章\人物磨皮.jpg",进入"通道"面板,复制"蓝"通道,得到"蓝副本"通道,如图 6-97 所示。

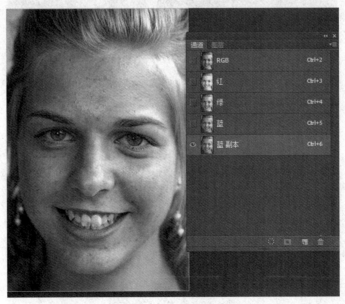

图 6-97　复制蓝色通道

（2）选择"滤镜"｜"其他"｜"高反差保留"命令，设置"半径"为 7 像素，如图 6-98 所示。

图 6-98　设置高反差保留

（3）使用吸管工具在人物边缘拾取颜色，再使用画笔工具对人物的眼睛、嘴进行涂抹，如图 6-99 所示。

（4）选择"图像"｜"计算"命令，将"混合"模式设置为"强光"，其余参数设置不变，这时在"通道"面板上会得到 Alpha 1 通道。重复三次，然后得到 Alpha 3 通道，如图 6-100 所示。

（5）按住 Ctrl 键单击 Alpha 3 通道，以 Alpha 3 作为选区。选择"选择"｜"反向"命令（Ctrl ＋ Shift ＋ I）反选选区，如图 6-101 所示。

（6）回到"图层"面板，创建曲线调整图层，在"曲线"属性面板中提高画面亮度，如图 6-102 所示。

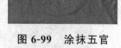

图 6-99　涂抹五官

（7）选择画笔工具，确定前景色为黑色，在曲线蒙版上擦去五官与头发，只留下皮肤的部分，如图 6-103 所示。

（8）新建空白的"图层 1"，按 Ctrl＋Shift＋Alt＋E 组合键盖印可见图层，得到如图 6-104 所示的"图层 1"。

（9）使用修复画笔工具将脸上的斑点修掉。调整色彩平衡，如图 6-105 所示。使用仿制图章工具美白牙齿。

（10）最终效果如图 6-105 所示（参考"答案\第 6 章\案例 6-10-祛斑美白.psd"源文件）。

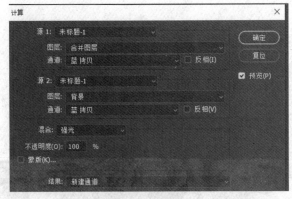

图 6-100　得到 Alpha 3 通道

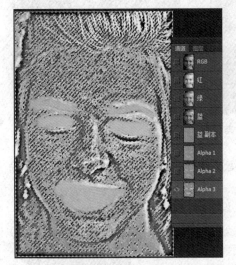

图 6-101　反选选区

图 6-102　创建曲线调整层

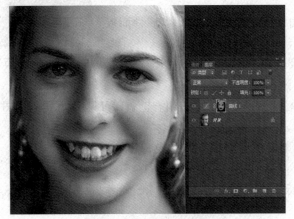

图 6-103　擦去五官与头发

图 6-104　创建"图层 1"

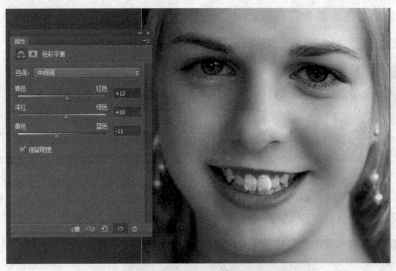

图 6-105 调整色彩平衡

6.3.2 添加唇彩

【案例 6-11】 为人物添加唇彩。为人物添加唇彩,要求色彩自然,如图 6-106 所示。

图 6-106 添加唇彩前后对比效果

可通过蒙版选择嘴唇区域,利用混合模式和滤镜为人物添加唇彩。

操作步骤如下。

(1)打开"素材\第 6 章\添加唇彩.jpg"。

(2)利用钢笔工具绘制嘴唇的路径,如图 6-107所示。

(3)打开"路径"面板,双击工作路径,在弹出的对话框中单击"确定"按钮,将工作路径存储为"路径 1",如图 6-108 所示。

(4)回到"图层"面板,新建"图层 1",将前景色设为

图 6-107 利用钢笔工具绘制嘴唇的路径

深灰色，填充前景色。设置混合模式为"颜色减淡"，"不透明度"为 60%，如图 6-109 所示。

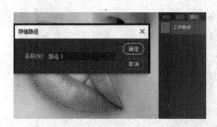

图 6-108　建立工作路径　　　　　　图 6-109　为新建的"图层 1"填充深灰色

（5）选择"路径"面板，单击"路径 1"，将路径转换为选区。选择"选择"|"修改"|"羽化"命令，弹出"羽化选区"对话框，设置"羽化半径"为 10 像素，如图 6-110 所示。

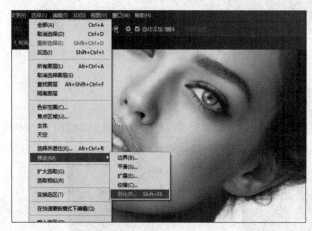

图 6-110　设置羽化值

（6）回到"图层"面板，为"图层 1"添加蒙版。选择画笔工具，确定前景色为黑色，将牙齿部分擦除。再按住 Ctrl 键单击蒙版缩略图，载入选区，创建曲线调整图层，分别对"红""绿""蓝"通道进行调整，如图 6-111 所示。

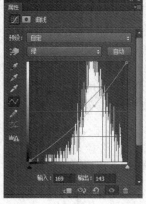

图 6-111　调整曲线

（7）选择"路径"面板，将"路径 1"选中，载入选区，并设置"羽化半径"为 10 像素。回到"图层"面板，将背景图层复制，得到"背景副本"。在保持选区的状态下，选择"图像"|"调整"|"色相/饱和度"命令，将"饱和度"提高，如图 6-112 所示。

图 6-112　调整"色相/饱和度"

（8）最后还可根据唇彩的颜色调整曲线，加强唇彩的效果，如图 6-113 所示（参考"答案\第 6 章\案例 6-11-为人物添加唇彩.psd"源文件）。

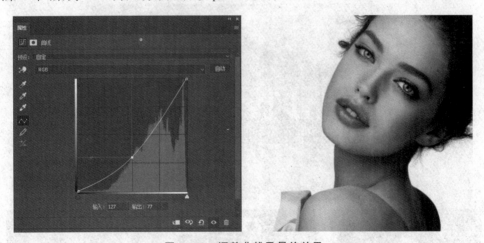

图 6-113　调整曲线及最终效果

相关知识

Alpha 通道与图层看起来相似，但区别却非常大：Alpha 通道也可以随意增减，这一点类似图层功能，但 Alpha 通道不是用来存储图像而是用来保存选区的。在 Alpha 通道中，黑色表示非选取区域，白色表示被选取区域，不同层次的灰度则表示该区域被选取的百分率。

即使在不同的色彩模式下，Alpha 通道都是一样的，即白色区域表示被选取区域，黑色区域表示非选取区域，而灰色区域则是部分选中。说到 Alpha 通道，就要涉及图层蒙版，在图层蒙版中出现的黑色区域表现在被操作图层中这块区域不显示，白色区域表示在图层中这块区域显示，介于黑白之间的灰色则决定图像中的这一部分以一种半透明的方式显示，透明的程度则由灰度来决定，灰度为百分之多少，这块区域将以百分之多少的透明度来显示。这与 Alpha 通道极为相似，因此从某种意义上来说，图层蒙版是 Alpha 通道的一个延伸。

Alpha 通道的另外一个重要延伸是快速蒙版，它也经常用于建立和编辑选区。在快速蒙版状态下，打开"通道"面板可以发现有快速蒙版这样一个通道，临时保存着选区的信息。由于快速蒙版只是一种临时的选区，退出快速蒙版状态后，这种选区就只能用于当前操作，不会保留在"通道"面板中。而如果在关闭一个文件前未把快速蒙版中的选区保存成 Alpha 通道，下次打开文件时将无法重新得到该选区。

思考与练习

1. 将"素材\第 6 章"中的"练习 1A.jpg""练习 1B.jpg""练习 1C.jpg"三张图片综合运用本章所学知识进行处理，效果如图 6-114 所示（参考"答案\第 6 章\练习 1.psd"源文件）。

图 6-114   练习 1

2. 对"素材\第 6 章"中的"练习 2.jpg"进行处理，效果如图 6-115 所示（参考"答案\第 6 章\练习 2psd"源文件）。

3. 对"素材\第 6 章"中的"练习 3.jpg"，综合运用本章所学知识进行处理，效果如

图 6-116 所示(参考"答案\第 6 章\练习 3.psd"源文件)。

图 6-115　练习 2

图 6-116　练习 3

图像加工综合实例

第 5 章和第 6 章详细介绍了 Photoshop 2021 的图像修复、合成和编辑方法,为了巩固以上知识,增加这些知识之间的联系,本章为综合实例。

学习目标
(1) 巩固色阶、曲线在图像处理中的使用。
(2) 熟悉亮度、对比度、明度的概念及调整方法。
(3) 掌握用修复画笔工具修复图像的方法。
(4) 进一步综合运用图像合成的方法。

实例1 调整鲜活色彩

【案例 7-1】 为图片调整鲜活色彩。对图片(见图 7-1(a))的颜色进行调整,呈现鲜活色彩效果,如图 7-1(b)所示。

(a) 调整前   (b) 调整后

图 7-1 调整图片颜色前后效果对比

图片的整体色调发灰,通过图片的直方图进行分析,按照处理图片的一般步骤,调整色阶、曲线、饱和度等,使图片色彩鲜艳。

操作步骤如下。

(1) 打开"素材\第 7 章\花卉原图.jpg"文件。在"扩展视图"方式下打开"直方图"面板,如图 7-2 所示。可以看出,直方图的最右侧和最左侧像素分布较少。

💡 **提示**:在"直方图"面板中只能观察像素的分布情况,不能调整,下面通过"色阶"和"曲线"命令来调整图像。

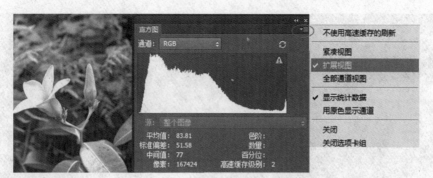

图 7-2　"直方图"面板

（2）单击"图层"面板上"创建新的填充或调整图层"按钮 ，选择"色阶"命令，或者直接单击"调整"面板上"创建新的色阶调整图层"按钮，打开"色阶"属性面板，调整阴影和高光，如图 7-3 所示。

（3）单击"创建新的曲线调整图层"按钮，调整红色通道，如图 7-4 所示。注意直方图的变化，像素和颜色分布变得均匀。

（4）再调整绿色通道，如图 7-5 所示。

（5）随后调整蓝色通道，如图 7-6 所示。

图 7-3　调整色阶

图 7-4　调整红色通道

图 7-5 调整绿色通道

图 7-6 调整蓝色通道

（6）调整之后，观察直方图，像素和颜色分布更均匀、更协调了，最后再调整亮度/对比度，如图 7-7 所示。

图 7-7　调整亮度/对比度

（7）反复调试，最终达到如图 7-8 所示的效果（参考"答案\第 7 章\案例 7-1-为图片调整鲜活色彩.psd"源文件）。

图 7-8　调整色彩最终效果

实例 2　调出古典柔和的室内婚纱照色调

【案例 7-2】　为室内婚纱照调出古典柔和的色调。将一张普通的婚纱照片（见图 7-9(a)）调出古典的柔和色调（见图 7-9(b)）。

(a) 调整前　　　　　　　　　　　　　　　(b) 调整后

图 7-9　调整色彩前后效果对比

使用"调整"面板创建新的调整图层,对照片调节色阶、色相/饱和度和亮度/对比度,将照片调出古典色调。

操作步骤如下。

(1) 打开素材"素材\第 7 章\婚纱照.jpg"文件,首先复制背景层,然后单击"调整"面板上"创建新的色相/饱和度调整图层"按钮 ,依次调整"全图""黄色"和"青色",如图 7-10 所示。

图 7-10　调整色相/饱和度

(2) 在"图层"面板上将"色相/饱和度 1"图层复制得到"色相/饱和度 1 副本"图层,调整其"不透明度"为 70%,如图 7-11 所示。

图 7-11　复制"色相/饱和度"图层并调整不透明度

(3) 单击"调整"面板上"创建新的色彩平衡调整图层"按钮 ,分别对"阴影""高光""中间调"数值进行调整,使图片的色彩更偏重于青色调,如图 7-12 所示。

图 7-12　调整色彩平衡

（4）在"图层"面板中将"色彩平衡 1"图层复制得到"色彩平衡 1 副本"图层,调整其"不透明度"为 40％,如图 7-13 所示。

（5）单击"调整"面板上"创建新的亮度/对比度调整图层"按钮 ,适当提高画面的亮度和对比度,如图 7-14 所示。

图 7-13　复制图层并更改不透明度　　　　**图 7-14　提高亮度/对比度**

（6）新建一个图层,按 Ctrl＋Alt＋Shift＋E 组合键盖印图层。选择"滤镜"|"模糊"|"动感模糊"命令,设置"角度"为 45 度、"距离"为 120,单击"确定"按钮,然后设置图层的混合模式为"柔光","不透明度"为 50％,最终效果如图 7-15 所示(参考"答案\第 7 章\案例 7-2-古典柔和的室内婚纱色调.psd"源文件)。

图 7-15　最终效果

相关知识

初学者拿到一张不够完美的数码照片时往往不知道从何下手,其实修复照片也是有一定规律的。只要按下面的顺序操作,用户就可以修复出很好的数码照片。修复数码照片的一般步骤如下。

1. 色阶的调整

修复照片一般先从色阶调整开始,通过移动阴影、高光、中间调滑块,可以调节照片的影调。注意不要移动得太多,否则照片会失去层次,后面不好修复。

2. 曲线的调整

在"曲线"面板中对数码照片进行调整。在调节照片曲线时,要正确选择调整点。人物照片一般以人物脸部为基准,尽量不要选择很亮或很暗的地方。

用户可以在人物脸部选择一个适当的位置单击,此时曲线上会出现对应的调整点。往上调整曲线,照片会变亮;往下调整曲线,照片会变暗。这样就可以很方便地控制曲线的调节了。

3. 色彩的调整

如果照片的颜色偏差很大,用户可以用色彩平衡来统调照片的颜色。如果照片没有偏色,可以直接在"色相/饱和度"面板进行调整。

4. 修复图像

修复图像是把图像多余的污点处理干净,包括脸部的细纹、鱼尾纹等。用修复工具组配合使用效果会更好。修复脸部时压力值不要过大,透明度控制在 30% 以下,笔尖不要太小,稍微大一些为好。选用带虚边的笔刷硬度值为 0,均匀地进行修复,再用加深工具对眼部、眼眉进行强调。为了让图像在修复以后更加有质感,可以使用锐化的方法。

思考与练习

将"素材\第 7 章"中的"素材 1.jpg"和"素材 2.jpg"合成,效果如图 7-16 所示(参考"答案\第 7 章\练习 1.psd"源文件)。

图 7-16　练习 1 图

第 8 章

3D 功 能

Photoshop 从版本 CS4 开始就有了 3D 功能,但是作为新功能来说还有很多不成熟的地方,Photoshop CC 在 3D 功能上做了很多改进,使 3D 功能更加强大,能够把 3ds Max 等一些模型制作软件创建的 3D 文件与 Photoshop 的文件相结合,把 2D 和 3D 更完美地结合起来,用于制作更加真实的设计效果。

学习目标
(1) 掌握新建 3D 图像的各种方法。
(2) 熟练使用 3D 工具、命令及面板。
(3) 学会创建并设置 3D 材质。
(4) 学会创建并修改光源设置。

8.1 3D 功能简介

在 Photoshop CS4 以前,用户在用 Photoshop 制作 3D 贴图时,要会先在 Photoshop 中把图处理好,然后在三维模型制作软件中赋予物体贴图,但是如果 3D 贴图在 Photoshop 中进行了修改,模型中的材质则不会随之变化,还需要再重新导入。现在,在 Photoshop 2021 中对模型使用的材质进行修改时,会直接影响模型的材质,不需要再重新导出或导入。

Photoshop CC 的 3D 功能包括模型的创建、修改,添加材质,设置灯光、相机和环境,最后还能渲染输出,把模型制作软件的基本功能都包括了进来,更方便用户制作。

8.2 3D 操作和视图

在 Photoshop CC 中,可以使用移动工具完成对 3D 对象和相机的旋转、滚动、拖动、滑动和缩放等操作。

1. 3D 模式操作按钮

在工具箱中选择移动工具,其工具选项栏中就显示"3D 模式"操作按钮。当前图层为 3D 图层时,则操作按钮为可选择状态,如图 8-1 所示。使用 3D 功能在视图中任意位置单击时,缩

图 8-1 "3D 模式"操作按钮

放 3D 对象图标由 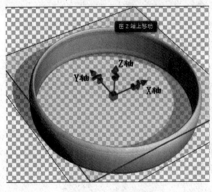 变成 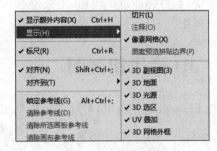，此时可对"相机"进行操作。

（1）旋转 3D 对象：可以对 3D 对象和视图的旋转进行操作。

（2）滚动 3D 对象：可以对 3D 对象和视图的滚动进行操作。

（3）拖动 3D 对象：可以对 3D 对象和视图的拖动进行操作。

（4）滑动 3D 对象：可以对 3D 对象和视图的滑动进行操作。

（5）缩放 3D 对象：可以对 3D 对象和视图的缩放进行操作。

提示：

（1）按住 Shift＋V 键可以在 5 种功能间切换。

（2）按住 Shift 键并拖动，可在使用"旋转""平移"和"缩放"工具时限制为沿单一方向操作。

2. 3D 操作轴

当单击 3D 对象时，会出现如图 8-2 所示的 3D 操作轴。其中红色代表 X 轴，绿色代表 Y 轴，蓝色代表 Z 轴。

（1）移动模型：要使模型沿着 X、Y 或 Z 轴移动，需将光标放到任意轴的轴尖，该轴尖会变为黄色高亮时，可以拖动光标沿该方向移动。按住 Alt 键的同时将光标放到两个轴交叉的区域，出现提示后向该平面内任意方向拖动。

（2）旋转模型：要旋转模型，单击轴尖内弯曲的旋转线段，同样会出现显示旋转平面的黄色高亮显示圆环。

（3）缩放模型：要使模型沿着 X、Y 或 Z 轴缩放，需将光标放到任意轴上的小方块上，该方块变为黄色高亮时，可以拖动沿该方向缩放。选择 3D 轴中心方块，可以对模型均匀缩放。

3. 3D 辅助对象

新建 3D 图层后，选择"视图"|"显示"命令，其中有 6 种 3D 辅助对象命令，分别为"3D 副视图""3D 地面""3D 光源""3D 选区""UV 叠加"和"3D 网格外框"命令，如图 8-3 所示。选中选项即可显示 3D 辅助对象，取消选中则隐藏 3D 辅助对象。

图 8-2　3D 操作轴　　　　　　　图 8-3　3D 辅助对象

（1）3D 副视图：在副视图中可以显示与文档中 3D 模型不同角度的视图，以便更好地观察视图中的各种变化。

（2）3D 地面：反映相对于 3D 模型的地面位置的网格。

（3）3D 光源：在 3D 文件中模拟灯光，可以使模型显示得更加真实。

（4）3D 选区：当选择一个 3D 网格时，网格周边出现一个外框，同时显示 3D 轴。

（5）UV 叠加：显示 Photoshop 将 UV 叠加创建的参考线。

（6）3D 网格外框：在 3D 网格外面显示一个外框。

💡 提示：在视图中发现网格的阴影没有出现在 3D 地面上，可以使用 3D|"将对象紧贴地面"命令来正确显示阴影。

4. 3D 副视图

选择"视图"|"显示"|"3D 副视图"命令，打开 3D 副视图，如图 8-4 所示。在 3D 副视图中可以设置显示不同的视图，以便设计者观察 3D 模型在视图中的各种变化。

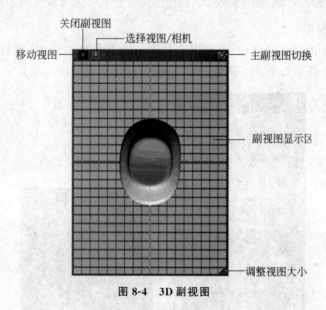

图 8-4 3D 副视图

（1）移动视图：单击该位置并拖动，会拖动 3D 副视图移动到窗口任何位置。

（2）关闭副视图：单击该按钮，可以关闭副视图。

（3）选择视图/相机：单击该按钮，会出现软件提供的视图/相机，供用户选择。

（4）主副视图切换：单击该按钮，可以对主视图和副视图所显示的视图进行切换。

（5）副视图显示区：此处显示的是副视图的视图。

（6）调整视图大小：单击该位置并拖动，可以调整副视图的显示大小。

8.3 3D 图层

1. 新建 3D 图层

选择 3D|"从 3D 文件新建图层"命令，打开"打开"对话框，可以看到 Photoshop CC 中可导入的 3D 文件格式有 10 种。

（1）3ds：是由 3ds Max 软件导出生成的格式。

（2）DAE：是由 Maya 软件导出生成的格式。

（3）KMZ：是由 Google Earth 软件导出生成的格式。

（4）GLB：是保存在 GITF 或 GL 传输格式的 3D 模型。它保存的信息有节点层级、摄像机、材质、动画、网格物体等，都用二进制存储。

（5）PLY：存储使用三维扫描设备收集的简单三维数据。

（6）STL：用于立体光刻计算机辅助设计软件的文件格式。

（7）OBJ：是一种标准的 3D 模型文件格式，适合用于 3D 软件模型之间的互导。

（8）IGES：用于不同三维软件系统的文件转换。

（9）PRC：为 Palm OS 应用程序文件。

（10）U3D：是 3D 图形的标准格式，旨在创建一种能够免费获得的 3D 数据编码方式。

2. 合并 3D 图层

选择 3D|"合并 3D 图层"命令，可以合并一个场景中的多个 3D 模型，如图 8 5 所示。合并后，可以单独处理每个 3D 模型，或者同时在所有模型上使用位置工具和相机工具。

图 8-5　合并两个 3D 图层

提示：合并的图层必须都是 3D 图层，如果选择普通的 2D 图层，"合并 3D 图层"命令将为灰色不可选状态。

8.4　3D 凸出

8.4.1　新建 3D 凸出的方法

1. 从所选图层新建 3D 凸出

选择 Photoshop CC 文件中任意图层，选择 3D|"从所选图层新建 3D 凸出"命令，即

可将该图层画面凸出为 3D 网格,如图 8-6 所示。

图 8-6　从所选图层新建 3D 凸出

提示:从所选图层新建 3D 凸出需要所选图层的色彩模式为 RGB 颜色模式或灰度模式(灰度模式会把彩色图片变为黑白模式,所以一般选择 RGB 模式)。如果发现所选图层不能凸出时,选择"图像"|"模式"|"RGB 颜色"命令即可。

【案例 8-1】　制作 3D 百度 Logo。

操作步骤如下。

(1) 打开"素材\第 8 章\草地.jpg"文件,并将其另存为"百度 Logo.psd"。

(2) 选择工具箱中的自定形状工具,在其工具选项栏中设置为"形状"模式,设置"填充色"为(R:41、G:40、B:225),选择"形状"下拉菜单中"旧版形状及其他"|"所有旧版默认形状"|"旧版默认形状"中的"爪印(猫)"选项,如图 8-7 所示。在文档中按住 Shift 键拖动,绘制一个正方形的百度 Logo,效果如图 8-8 所示。

图 8-7　选择自定义形状　　　图 8-8　绘制百度 LOGO 效果

(3) 选择文本输入工具,输入"du",设置字体为黑体,大小为 78 磅,输入文字效果如图 8-9 所示,在"图层"面板中右击"形状 1"图层,选择"栅格化图层"命令,单击文字图层小图标,选择文字选区,按 Delete 键删除,隐藏文本图层,按 Ctrl+D 组合键取消选区,效果如图 8-10 所示。

(4) 选择文本输入工具,输入"Bai"和"百度",设置颜色为♯df0602,字体为黑体,

"Bai"大小为 120 点，"百度"大小为 100 点，并放到如图 8-11 所示位置。

（5）如图 8-12 所示，选择"Bai"图层、"百度"图层、"爪印（猫）1"图层，按 Ctrl＋E 组合键合并这三个图层为"百度"图层。

图 8-9　输入文字效果 1

图 8-10　删除文字效果

图 8-11　输入文字效果 2

图 8-12　合并图层

（6）选择 3D|"从所选选区新建 3D 模型"命令，使选区凸出为 3D 网格，效果如图 8-13 所示。

（7）在属性面板中设置"凸出深度"为 2mm，如图 8-14 所示。选择"移动工具"，选择模型外空白地方，在选项栏中选择"旋绕移动 3D 相机"选项，旋转相机到如图 8-15 所示效果（参考"答案\第 8 章\案例 8-1-3D 百度 Logo.psd"文件）。

图 8-13　凸出效果

图 8-14　设置"凸出深度"

图 8-15　旋转相机效果

2. 从所选路径新建 3D 凸出

使用钢笔工具或者形状工具绘制路径或者形状后,选择 3D|"从所选路径新建 3D 凸出"命令,即可将所选路径凸出为 3D 网格,如图 8-16 所示。

图 8-16　从所选路径创建 3D 网格凸出(1)

3. 从所选选区新建 3D 凸出

创建选区,选择 3D|"从所选选区新建 3D 凸出"命令,即可将选区凸出为 3D 网格,如图 8-17 所示。

图 8-17　从所选选区创建 3D 网格凸出(2)

4. 文本凸出为 3D

选定文本图层,选择"文字"|"凸出为 3D"命令,即可将文本图层凸出为 3D 网格,如

图 8-18 所示。

5. 拆分 3D 凸出

使用"拆分凸出"命令从图层、路径和选区中创建 3D 对象,选择 3D|"拆分凸出"命令,将 3D 对象拆分为具有 5 种材质的单个网格,拆分完之后可以对单个对象进行操作。效果如图 8-19 所示(参考"\答案\第 8 章\拆分 3D 网格.psd"文件)。

图 8-18　从文本创建 3D 网格凸出　　　　图 8-19　拆分 3D 凸出

【案例 8-2】　制作户外桌椅。利用 3D 网格凸出,绘制一组户外桌椅。

操作步骤如下。

(1) 选择"文件"|"新建"命令(Ctrl+N),打开"新建文件"对话框,如图 8-20 所示。设定文件名称为"户外桌椅",文件"宽度"×"高度"为 18 厘米×13 厘米,"分辨率"为 300 像素/英寸,"色彩模式"为 RGB 颜色、8 位,"背景内容"为白色,单击"确定"按钮。

(2) 选择文字工具,设置字体为黑体,字体大小为 50,输入文字"一"。再新建一个图层,设置字体为黑体,字体大小为 50,输入大写字母 H。在工具箱中选择"移动工具",将文字移动到如图 8-21 所示位置。

(3) 按 Ctrl+T 组合键,按住 Shift 键,拉伸 H 图层大小为如图 8-22 所示。选择两个文字图层,按 Ctrl+E 组合键合并两个文字图层,如图 8-23 所示。

图 8-20　"新建文件"对话框

(4) 选择 3D|"从所选图层新建 3D 凸出"命令,打开 3D 面板,单击"网格"按钮,双击 H 前面的按钮,打开"网格"属性面板,如图 8-24 所示。

图 8-21　移动文字图层　　　　图 8-22　拉伸 H 图层效果

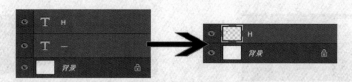

图 8-23　合并两个文字图层

（5）单击"网格"属性面板中的"变形"按钮 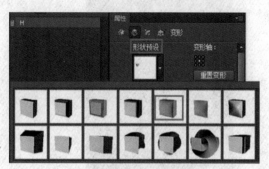，设置"形状预设"为 ，设置"凸出深度"
为 600，如图 8-25 所示。

图 8-24　H 图层"网格"属性面板

图 8-25　H 图层的形状预设

（6）单击"网格"属性面板中的"盖子"按钮 ，设置"边"为"前部和背面"，设置"等高
线"为如图 8-26 所示，效果如图 8-27 所示。

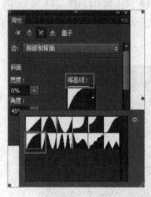

图 8-26　设置"盖子"等高线

图 8-27　设置后的效果

（7）双击"图层"面板中的 3D 图层，修改图层名称为"桌面"，如图 8-28 所示。

（8）选择文字工具，设置字体为"黑体"，字体大小为 35，输入"口"。退出文字编辑，选
择"文字"|"凸出为 3D"命令，在"图层"面板上修改图层名称为"凳子"，设置其凸出深度为
100，其他设置与"桌面"3D 图层相同，效果如图 8-29 所示。

（9）复制"凳子"3D 图层，得到"凳子 副本"和"凳子 副本 2"两个 3D 图层，如图 8-30 所示。

（10）按住 Ctrl 键，选中 4 个 3D 图层，选择 3D|"合并 3D 图层"命令，形成新的"桌
面"3D 图层，如图 8-31 所示。

图 8-28 修改 3D 图层名称

图 8-29 创建"凳子"3D 效果

图 8-30 复制"凳子"3D 图层

图 8-31 合并 4 个 3D 图层

(11) 在 3D 面板的"凳子_图层"图层中,双击"口"图层,打开 3D 属性面板。在"坐标"属性面板上,设置 X 旋转为 0°,Y 旋转为 0°,Z 旋转为 0°,如图 8-32 所示。用同样方法设置另外两个凳子图层。

图 8-32 设置凳子图层的坐标

(12) 单击"桌面_图层"图层,选择 3D|"将对象紧贴地面"命令。再用同样方法设置其他三个图层,使 4 个物体都处于同一个地面之上。选择"选择工具",选择"视图"|"显示"|"3D 副视图"和"3D 地面"命令,如图 8-33 所示。

(13) 单击副视图中"互换主副视图"按钮,分别选择三个凳子图层,单击"拖动 3D 对象"按钮✥,移动三个凳子到如图 8-34 所示位置。

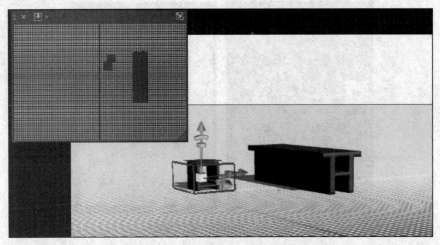

图 8-33 打开"3D 副视图"和"3D 地面"视图

（14）互换主副视图，得到如图 8-35 所示"桌椅"最终效果（参考"答案\第 8 章\案例 8-2-户外桌椅.psd"文件）。

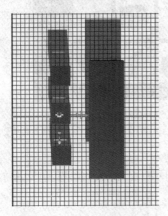

图 8-34 移动三个凳子后
的视图效果

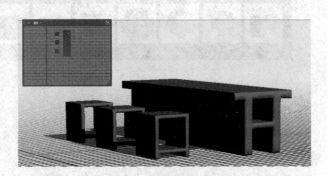

图 8-35 "桌椅"最终效果

8.4.2 编辑 3D 凸出

1. 3D 属性的网格设置

在上一个案例中，使用 3D 凸出创建 3D 网格后，选择"窗口"|"属性"命令，打开 3D "网格"属性面板，如图 8-36 所示。

（1）捕捉阴影：勾选"捕捉阴影"复选框，可以显示 3D 网格上的阴影效果；取消勾选，则不显示阴影。

（2）不可见：勾选该复选框，则突出的 3D 网格为不可见，但显示其表面的所有阴影。

（3）投影：勾选此复选框，网格表面显示 3D 网格的投影；取消勾选，则不显示投影。

图 8-36 3D"网格"属性面板

（4）形状预设：Photoshop 2021 提供了 18 种形状预设，可以制作出不同的凸出效果，如图 8-37 所示。

图 8-37 18 种形状预设

（5）变形轴：设置 3D 网格变形轴。

（6）纹理映射：在"纹理映射"下拉列表中可以指定不同的纹理映射类型，包括缩放、平铺和填充。

① 缩放：根据凸出网格的大小自动调整纹理映射的大小。

② 平铺：以纹理映射的固有尺寸平铺显示。

③ 填充：以原有纹理映射的尺寸显示。

（7）凸出深度：可以设置凸出的深度。如图 8-38(a)和图 8-38(b)所示的分别是"凸出深度"为 1 500 和 100 的效果。

(a)深度为1 500　　　　　　(b)深度为100

图 8-38 "凸出深度"为 1 500 和 100 的效果

（8）编辑源：可以对 3D 凸出之前的对象进行修改。

（9）渲染：单击"属性"面板最下方的按钮 ，可以对 3D 网格进行渲染。

2. 3D 属性的变形设置

在属性面板上单击按钮，切换到"变形"属性面板，如图 8-39 所示。可以按 V 键在网格、变形、盖子和坐标之间进行切换。

（1）扭转：将 3D 网格沿 Z 轴旋转，如图 8-40 所示为"扭转"90°的效果。

（2）锥度：将 3D 网格沿 Z 轴锥化，如图 8-41 所示为"锥度"为 150％的效果。

（3）弯曲：使 3D 网格产生弯曲，如图 8-42 所示为"水平角度"为 30°、"垂直角度"为 30°的弯曲效果。

（4）切变：使 3D 网格产生倾斜，如图 8-43 所示为"水平角度"为 30°、"垂直角度"为 30°的切变效果。

图 8-39 "变形"属性面板

图 8-40 "扭转"90°的效果

图 8-41 "锥度"为 150％的效果

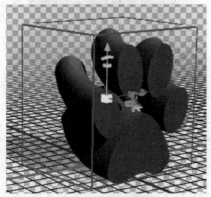

图 8-42 弯曲效果

图 8-43 切变效果

3. 3D 属性的盖子设置

在属性面板中单击按钮▣，切换到"盖子"属性面板，如图 8-44 所示。盖子是指 3D 网格的前部或背部。

（1）边：选择要倾斜或膨胀的侧面，可以选择"前部""背部"和"前部和背部"。

（2）斜面：设置斜面的宽度和角度，如图 8-45 所示为"宽度"为 30%、"角度"为 50°的斜面效果。

（3）等高线：可以选择不同的等高线效果，如图 8-46 所示。"宽度"和"角度"为非零时可以显示出等高线效果。

（4）膨胀：设置膨胀的角度和强度，如图 8-47 所示为"角度"为 90°、"强度"为 30%的膨胀效果。

（5）重置变形：所有参数归为默认值。

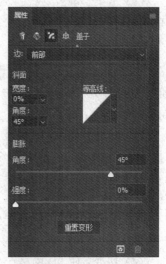

图 8-44 "盖子"属性面板

4. 3D 属性的坐标设置

在属性面板中单击按钮▣，切换到"坐标"属性面板，如图 8-48 所示。可以准确地对 3D 网格进行移动、旋转和缩放操作。

图 8-45 斜面效果

图 8-46 等高线效果

图 8-47 膨胀效果

图 8-48 "坐标"属性面板

8.5 3D 对象

Photoshop 2021 可以将 2D 图像转换为各种基本的 3D 对象,然后对 3D 对象执行相应操作。

1. 创建 3D 明信片

选择 3D|"从图层新建网格"|"创建 3D 明信片"命令,即可创建 3D 明信片。将 2D 图像转换成 3D 对象,使其具有 3D 的属性,如图 8-49 所示。

图 8-49　创建 3D 明信片

2. 创建 3D 网格预设

将 2D 图像转换成 3D 网格预设,如锥形、立方体、圆柱体等网格对象,如图 8-50 所示。如图 8-51 所示为由平面图像转化成球体的效果。

图 8-50　创建 3D 网格预设　　　　图 8-51　创建球体效果

3. 创建深度映射

创建深度映射可以将灰度图像转换为深度映射,从而将明度值转换为深度不一的表面,较亮的区域生成凸起的部分,较暗的区域生成凹下去的部分,图 8-52(a)为原图,

图 8-52(b)为创建深度映射后的效果。

(a) 原图　　　　　　　　　　　　　　　　(b) 创建深度映射后的效果

图 8-52　原图和创建深度映射后的效果

> 提示：如果使用 RGB 图像来创建网格，则绿色通道会被用于生成深度映射，或者把图像转换成灰度模式（选择"图像"|"模式"|"灰度"命令，或者选择"图像"|"调整"|"黑白"命令转换成灰度模式）。

8.6　3D 面板

1. 3D 面板

新建一个文档时，选择"视图"|3D 命令，即可打开 3D 面板，如图 8-53 所示。利用 3D 面板，可以根据需要创建各种 3D 对象。

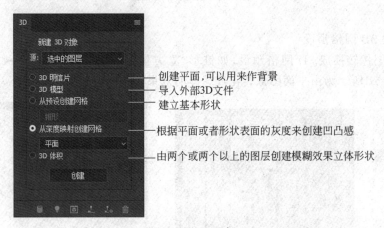

图 8-53　3D 面板

2. 3D 属性面板

新建 3D 对象之后，3D 面板变为 3D 属性面板，如图 8-54 所示。

3D 属性面板中包含"场景" 与"环境" 两个组件，其中网格 、材质 、光源 、相机 共同构成了 3D 场景，而"环境"组件则是独立于场景之外的另外一个专门的组件。

（1）网格：网格提供了 3D 模型的底层结构，一个模型最少包含一个网格，大多模型包含多个网格。

（2）材质：简单来说就是物体的质地。材质主要指表面的颜色、纹理、光滑度、透明度、反射率、折射率和发光度等特性。

（3）光源：有光才有影，才能使物体呈现出更加真实的立体感觉。光源类型包括无限光、聚光灯和点光，不同的灯光营造的视觉效果也不一样。

（4）相机：像一个真正的相机，它能够移动、旋转和推拉，使设计师能够更好地展示设计作品。

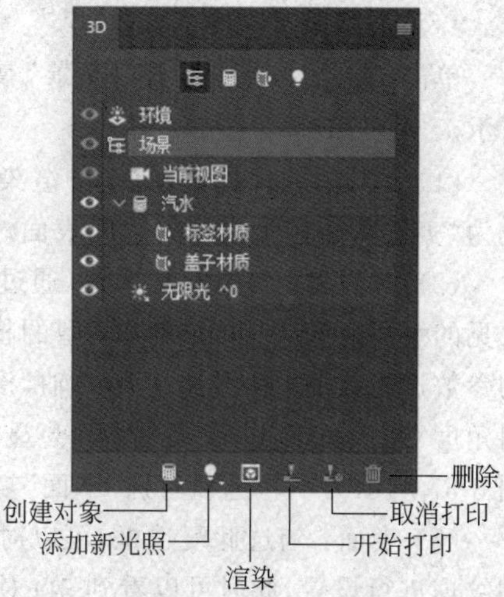

"环境"组件主要用于设置全局环境色以及地面、背景等基础要素的属性。

① 创建对象：单击该按钮，在弹出的菜单中选择一种模型，即可在场景中创建一个 3D 对象。

② 添加新光照：单击该按钮，在弹出的菜单中可以选择需要添加的光照类型。

③ 开始打印：单击该按钮，可以进行 3D 打印。

④ 渲染：根据用户设置的参数渲染图像。

⑤ 取消打印：在 3D 打印过程中单击此按钮可以取消打印任务。

⑥ 删除：单击此按钮，可以删除选中的模型、灯光、相机等。

图 8-54　3D 属性面板

3. 设置环境

单击 3D 属性面板上 环境 按钮，可以打开"环境"属性面板，如图 8-55 所示。可以设置全局环境色、基于图像的光源以及地面阴影和反射等参数。

（1）全局环境色：在反射表面上可见的全局环境光的颜色。

（2）IBL：为场景启用基于图像的光照。单击 IBL 后面的 按钮，可以打开作为光照的文件。

（3）颜色：设置基于图像的光照颜色和光照强度。

（4）阴影：设置地面光照的阴影和柔和度。

（5）地面阴影颜色：设置投射到地面的阴影颜色。

（6）地面阴影不透明度：设置投射到地面的阴影的不透明度。

（7）反射：设置地面反射的颜色、不透明度和粗糙度。

（8）背景：将图像作为背景使用。

（9）全景图：勾选此复选框，将背景图像设置为全景图。

（10）将 IBL 设置为背景：将背景图像设置为基于图像的光照图。

图 8-55　"环境"属性面板

4. 设置场景

单击  场景按钮，打开"场景"属性面板，如图 8-56 所示。

(1) 预设：软件提供了 16 种渲染预设，默认的渲染预设为"实色"，即显示模型的空间表面。

(2) 横截面：勾选此复选框，通过将 3D 模型与一个不可见的平面相交从而形成该模型的横截面。可以对其中的参数进行设置，以添加切片的轴，设定切片的位移和倾斜角度等。勾选"平面"复选框，会显示横截面的平面，如图 8-57 所示为不勾选和勾选"平面"复选框的效果。

(3) 表面：勾选此复选框，可以对 3D 对象的表面样式和纹理进行设置，此时可以看到 3D 对象的面状效果。

(4) 样式：Photoshop 2021 提供了 11 种样式供用户选择。

(5) 线条："边缘"选项决定线框线条的显示方式，可以对 3D 对象的边缘样式、宽度和角度阈值进行设置，此时看到 3D 对象的线状效果。

图 8-56　"场景"属性面板

(6) 点："顶点"选项用于调整顶点的外观，可以对 3D 对象的样式和半径进行设置，此时可以看到对象的面状效果。

(7) 线性化颜色：勾选该复选框，将以线性化显示场景中的颜色。

(8) 背面：勾选该复选框，将隐藏的背面移除，不再显示。

(9) 线条：勾选该复选框，将隐藏的线条移除，不再显示。

5. 设置 3D 相机

单击 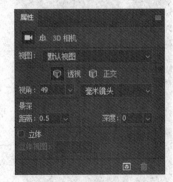 按钮，打开"3D 相机"属性面板，如图 8-58 所示。

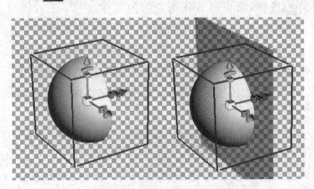

图 8-57　不勾选和勾选"平面"复选框的效果

图 8-58　"3D 相机"属性面板

(1) 视图：选择要显示的相机或者视图。

(2) 透视：使用视角显示视图时，显示汇集成消失点的平行线。

(3) 正交：使用缩放显示视图时，保持平行线不相交，在精确的缩放时图中显示模型,而不会出现任何透视扭曲。

(4)视角:设置相机的镜头大小,选择镜头的类型。

(5)景深距离:决定焦距位置到相机的距离,镜头的焦距数越大透视感越弱,焦距数越小透视感越强。

(6)景深深度:可以使图像的其余部分模糊化,距离是对焦的距离,深度是焦外虚化的程度。

(7)立体:勾选此复选框,可以带上 3D 眼镜来观看和操作,启动立体视图功能,其中包括浮雕装饰、并排和透镜 3 种类型。

6. 设置 3D 材质

单击█按钮,可以打开"材质"属性面板,如图 8-59 所示。

(1)漫射:在光照条件好的情况下物体所反射的颜色,又被称为物体的"固有色",也就是物体本身的颜色。

(2)镜像:为镜面属性设置的显示颜色。

(3)发光:使用"漫射"颜色替换网格上的任何阴影,从而创建出白炽灯效果。

(4)环境:设置在反射表面上可见的环境光的颜色,该颜色与用于整个场景的全局环境色相互作用。

(5)闪亮:增加 3D 场景、环境映射和材质表面上的光泽。

(6)反射:增加 3D 场景、环境映射和材质表面上其他对象的反射。

(7)粗糙度:增加材质表面的粗糙度。

(8)凹凸:在材质表面创建凹凸,无须改变底层网格。凹凸映射是一种灰度图像,其中较亮的数值用于创建凸出的表面区域,较暗的数值创建平坦的表面区域。用户可以创建或载入凹凸映射文件,或者直接在模型上绘画以自动创建凹凸映射文件。

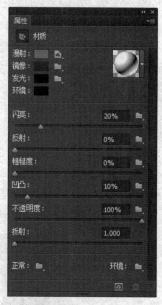

图 8-59　3D"材质"属性面板

(9)不透明度:增加或减少材质的不透明度(在 0~100% 范围内)。可以使用纹理映射或小滑块来控制不透明度。纹理映射的灰度值控制材质的不透明度,白色创建完全的不透明度,黑色创建完全的透明度。

(10)折射:可以设置折射率。两种折射率不同的介质(如空气和水)相交时,光线方向发生改变,即产生折射。新材质的默认值是 1.0(空气的近似值)。

(11)正常:设置材质的正常材质映射。

(12)材质拾色器:在材质拾色器中可以快速运用材质预设纹理,软件提供的 36 种默认材质纹理,如图 8-60 所示。

7. 创建纹理映射

纹理映射,也称纹理贴图,是把一张图像贴到 3D 模型的表面上来增强真实感,选择

图 8-60　软件提供的 36 种默认材质纹理

"'材质'拾色器"命令,可以载入 36 种可用纹理映射类型中任何一个 2D 纹理文件。载入纹理之后,单击█按钮,弹出菜单,其中包含"编辑纹理""编辑 UV 属性"等5 种快捷操作命令,如图 8-61 所示。

图 8-61　创建纹理映射

(1)新建纹理。选择"新建纹理"命令,打开如图 8-62所示的"新建"对话框。输入名称、尺寸、分辨率和色彩模式,单击"确定"按钮。

为匹配现有纹理映射的长宽比,可通过将鼠标指针悬停在"图层"面板中的纹理映射名称上来查看其尺寸。

新纹理映射的名称会显示在"材质"面板中纹理映射类型的旁边,该名称还会添加到"图层"面板中"3D 图层"纹理列表中,默认名称为材质名称并附加纹理映射的类型。

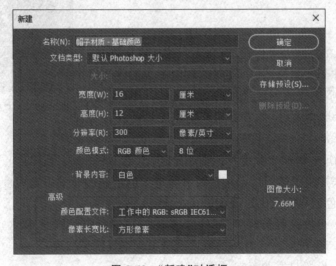

图 8-62　"新建"对话框

(2)编辑纹理。选择"编辑纹理"命令,可以用打开文件的方式打开纹理文件,用户可以在新文件中对纹理进行编辑。保存后,新纹理将应用到 3D 网格上。

选择"编辑 UV 属性"命令,打开如图 8-63 所示对话框。

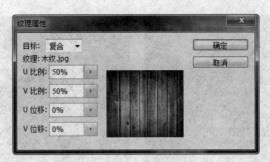

图 8-63　"纹理属性"对话框

① 目标：设置应用于特定图层还是复合图像。

② 纹理：显示纹理的文件名。

③ U 和 V 比例：调整映射纹理的大小。降低两个比例数值，可以创建重复图案。

④ U 和 V 位移：调整映射纹理的位置。

8. 直接选取对象上的材质

Photoshop 2021 的渐变工具组中新增了一个可以填充 3D 材质的工具——3D 材质拖放工具，如图 8-64(a) 所示。选择该工具，显示如图 8-64(b) 所示的工具选项栏。3D 材质拖放工具的工作方式与传统的油漆桶工具非常相似，能够直接在 3D 对象上对材质进行取样并应用这些材质。

(a) 3D 材质拖放工具　　　　(b) "3D材质拖放工具"选项栏

图 8-64　3D 材质拖放工具及其选项栏

(1) 材质拾色器：单击该按钮，将显示系统预设的材质。

(2) 载入所选材质：单击该按钮，可以将当前所选 3D 模型的材质载入材质油漆桶中。

(3) 载入的材质：显示载入的材质名称。

【案例 8-3】　给户外桌椅赋予材质。给上一个案例中完成的户外桌椅模型赋予材质。

操作步骤如下。

(1) 选择 3D 面板，打开 H 图层中"H 前膨胀材质"图层，打开"材质"属性面板，如图 8-65 所示。

(2) 单击"漫射"右侧的按钮🖼️，选择"载入纹理"命令，打开"打开"对话框，选择"素材\第 8 章\木纹.jpg"文件。选择"编辑 UV 属性"命令，设置"U 比例"为 100%，"V 比例"为 100%，"U 位移"为 0，"V 位移"为 0，如图 8-66 所示。

(3) 打开"素材\第 8 章\木纹.jpg"文件，选择"图像"|"调整"|"去色"命令。将图片另存为"木纹黑白.jpg"。

图 8-65　打开"材质"属性面板

💡 **提示**：在材质设置中，凹凸贴图和不透明度贴图只识别黑白模式，所以要先把有颜色的图片变为黑白模式。

（4）单击"凹凸"右侧的 按钮，选择"载入纹理"命令，打开"打开"对话框，选择"素材\第 8 章\木纹黑白.jpg"文件，设置"凹凸"值为 20％，如图 8-67 所示。为了能使凹凸贴图与木纹贴图对应上，需要设置 UV 属性，设置"U 比例"为 100％，"V 比例"为 100％，"U 位移"为 0，"V 位移"为 0。

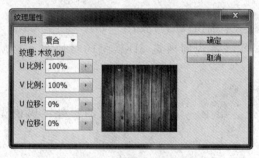

图 8-66　"纹理属性"对话框　　　　　　图 8-67　设置"凹凸"数值

（5）在工具箱中选择"3D 材质拖放工具"，按住 Alt 键，单击刚刚设置的"H 前膨胀材质"图层，松开 Alt 键，单击三个椅子的前膨胀材质和 H 凸出材质部分，效果如图 8-68 所示。

（6）在 3D 面板中打开 H 图层，选择"H 凸出材质"命令，打开"材质"属性面板。单击"漫射"右侧的按钮 ，设置"U 比例"为 500％，"V 比例"为 500％，"U 位移"为 0，"V 位移"为 0。单击"凹凸"右侧的按钮 ，设置 UV 属性，设置"U 比例"为 500％，"V 比例"为

500％,"U 位移"为 0,"V 位移"为 0。在工具栏中选择"3D 材质拖放工具",按住 Alt 键,
单击刚刚设置的"H 凸出材质"图层,松开 Alt 键,单击三把椅子的凸出材质部分,效果如
图 8-69 所示(参考"答案\第 8 章\案例 8-3-给户外桌椅赋予材质.psd"文件)。

图 8-68　材质设置效果　　　　　　图 8-69　材质设置后效果

9. 设置 3D 光源

　　3D 光源可以从不同角度照亮模型,从而添加逼真的深度和阴影。单击 3D 面板上的
按钮,打开"点光"属性面板,如图 8-70 所示。

　　(1) 预设:软件共有 15 种预设光源供选择,也可以通
过"存储"命令自定义光源预设。

　　(2) 类型:共有 3 种光源类型,分别是点光、聚光灯和无
限光。切换灯光类型时,面板的参数选项也会有一些变化。

　　① 点光:像灯泡一样,可以向各个方向照射,效果如
图 8-71 所示。

　　② 聚光灯:能够射出可调整的锥形光线,效果如图 8-72
所示。

　　③ 无限光:像太阳光一样,可以从一个方向平面照
射,效果如图 8-73 所示。

图 8-70　"点光"属性面板

　　(3) 颜色:设置光源的颜色。

　　(4) 强度:设置光源的光照强度。

　　(5) 阴影:从前景表面到背景表面、从单一网格到其自身或从一个网格到另一个网
格的投影。

图 8-71　点光效果　　　　图 8-72　聚光灯效果　　　　图 8-73　无限光效果

　　(6) 柔和度:模糊阴影边缘,产生逐渐的衰减。

　　(7) 光照衰减:勾选该复选框,即可修改参数。"内径"和"外径"选项决定锥形衰减
以及光源强度随对象距离的增加而减弱的速度。对象接近"内径"限制时,光源强度最大;

对象接近"外径"限制时,光源强度为零;处于中间距离时,光源从最大强度线性衰减为零。

（8）移到视图：将光源移动到当前视图。

【案例8-4】　给户外桌椅打上灯光。在完成上一案例之后,给户外桌椅添加背景,并设置灯光,使场景更加真实。

操作步骤如下。

（1）打开"素材\第8章\校园.jpg"文件,按 Ctrl＋T 组合键,调整大小,并放置于"桌面"3D 图层之下,如图 8-74 所示。

图 8-74　添加背景

（2）选择移动工具,单击场景空白处,出现对场景操作的"3D 模式"按钮。单击"移动 3D 对象"按钮,将桌椅移动到合适位置,然后单击"旋转 3D 对象"按钮,进行旋转,旋转效果如图 8-75 所示。

（3）选择 3D 面板中的灯光选项,选择"无限光 1"选项,如图 8-76 所示。在"灯光"属性面板中设置灯光"强度"为 85%,阴影"柔和度"为 30%,如图 8-77 所示。旋转无限光到如图 8-78 所示位置,以模拟真实场景效果。

图 8-75　移动和旋转对象后效果

图 8-76　灯光选项

图 8-77 设置灯光属性

图 8-78 旋转无限光（1）

（4）单击"灯光"属性面板下方的"新建光源"按钮 ，新建一个"无限光 2"作为辅助光源。单击"无限光 2"，在"灯光"属性面板中设置灯光"强度"为 30%，取消阴影。旋转"无限光"到如图 8-79 所示位置（参考"答案\第 8 章\案例 8-4-给户外桌椅打上灯光.psd"文件）。

图 8-79 旋转无限光（2）

10. 最终渲染输出 3D 文件

完成 3D 文件的处理之后，可创建最终渲染，以产生用于 Web、打印或动画的最高品质输出。最终渲染使用光线跟踪和更高的取样速率以捕捉更逼真的光照和阴影效果。

使用最终渲染模式以增强 3D 场景中的下列效果。

（1）基于光照和全局环境色的图像。

（2）对象反射产生的光照（颜色出血）。

（3）减少柔和阴影中的杂色。

使用选取工具在模型上创建一个选区，然后选择 3D|"渲染 3D 图层"命令，即可渲染选中的内容。

🐷 **提示**：最终渲染可能需要很长时间，具体取决于 3D 场景中的模型、光照和映射。若要提高效率，可以只渲染模型的局部，再从中判断整个模型的最终效果是否满意，以便为更好地修改模型提供参考。

11. 3D 打印

单击 3D 面板中的"场景"按钮 ，弹出"场景"属性面板。单击"场景"按钮左侧的 按钮，切换到"3D 打印设置"属性面板，如图 8-80 所示。

（1）打印到：选择是要打印到通过 USB 端口连接到计算机的打印机（本地打印机），还是使用在线 3D 打印服务，如 Shapeways 或 Sculpteo 等。

（2）打印机：选择本地打印机打印。

（3）打印机单位：选择打印机体积的单位，如英寸、厘米、毫米或像素。

（4）细节级别：为 3D 打印选择一个细节级别，如低、中或高。打印 3D 对象所需的时间取决于选择的详细级别。

（5）打印机体积：设置打印机可打印量。

（6）场景体积：调整场景体积尺寸以指定打印 3D 对象所需的大小。当更改一个值（X、Y 或 Z）时，其他两个值会按比例缩放。当修改场景体积尺寸时，请注意 3D 模型下的印版按比例缩放。

图 8-80　"3D 打印设置"属性面板

（7）缩放至打印体积：单击此按钮，Photoshop 会自动缩放 3D 模型，以使它填满所选打印机的可用打印量。

（8）表面细节：3D 模型有法线贴图、凹凸贴图或不透明度贴图，打印时设置是否渲染这些细节。

（9）支撑结构：打印时可以选择不打印 3D 对象所需的支撑结构（脚手架或筏子）。如果不打印必要的支撑结构，3D 模型的打印可能会失败。

8.7　3D 绘画

在 Photoshop 2021 中可以使用任何绘画工具直接在 3D 模型上绘画，也可以使用选择工具选取特定的模型区域作为绘画目标，或者识别并高亮显示可绘画的区域，还可以使用 3D 功能移除模型部分区域，从而访问内部或隐藏的部分，以便进行绘画。

1. 显示/隐藏多边形

图 8-81　绘制选区

在编辑 3D 网格时，可以根据需要显示/隐藏多边形。先利用各种选区工具在模型上绘制一个选区，如图 8-81 所示；然后选择 3D|"显示/隐藏多边形"命令，可以使用"选区内""翻转可见"和"显示全部"3 个命令实现操作。选择"选区内"命令，效果如图 8-82 所示，选择"翻转可见"命令，效果如图 8-83 所示。

图 8-82　"选区内"命令的效果　　　　图 8-83　"翻转可见"命令的效果

2. 选择可绘画区域

直接在模型上绘画与直接在 2D 纹理上绘画是不同的,有时画笔在模型上看起来很大,但是相对于纹理来说可能要比实际小很多,因此只观看 3D 模型无法明确判断是否可以成功地在某些区域绘画。选择 3D|"选择可绘画区域"命令,即可选择模型上可以绘画的最佳区域。

3. 在目标纹理上绘画

使用绘画工具直接在 3D 模型上绘画时,不同的纹理需要使用不同的绘制效果。如果需要在纹理上绘制凹凸效果,则需要该模型具有凹凸属性。

(1) 选择 3D|"从文件新建 3D 图层"命令,打开"\素材\第 8 章\茶壶.3DS"文件,替换其凹凸纹理。效果如图 8-84 所示。

(2) 选择 3D|"在目标纹理上绘画"|"凹凸"命令。

(3) 选择画笔工具,设置画笔样式为枫叶,在纹理上绘制,效果如图 8-85 所示(参考"答案\第 8 章\绘制纹理.psd"文件)。

图 8-84　设置凹凸纹理贴图　　　图 8-85　在目标纹理上绘制凹凸纹理

4. 设置 3D 绘画衰减角度

3D 绘画衰减角度用于控制表面在正面视图弯曲时的油彩使用量,是根据朝向用户的模型表面凸出部分的直线来计算的。例如,在一个球体模型上制作地球效果时,当球体面对用户时,地球正中心的衰减角度为 0°,随着球体的弯曲,衰减角度逐渐增大,并在球体边缘处达到最大值 90°。选择 3D|"绘画衰减"命令,打开"3D 绘画衰减"对话框,如图 8-86 所示。

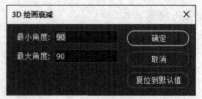

图 8-86　"3D 绘画衰减"对话框

(1) 最小角度:最小绘画衰减角度用于设置绘画随着接近最大衰减角度而渐隐的范围。例如,如果最大衰减角度为 45°,最小衰减角度为 30°,那么在 30°~45°的衰减角度之间绘画的不透明度会从

100 减少到 0。

（2）最大角度：最大绘画衰减角度在 0°～ 90°,0°时,绘画仅应用于正对前面的表面,没有减弱角度;90°时,绘画可沿弯曲的表面延伸至其可见边缘。

5. 重新参数化纹理映射

效果较差的纹理映射会在模型表面外观中产生明显的扭曲,如多余的接缝、纹理图案中的拉伸或挤压区域。使用"重新参数化"命令可将纹理重新映射到模型,以校正扭曲并创建更有效的表面覆盖,如图 8-87(a)所示。使用"低扭曲度"命令重新参数化的纹理如图 8-87(b)所示,使用"较少接缝"命令重新参数化的纹理如图 8-87(c)所示。

(a) 重新参数化   (b) 低扭曲度   (c) 较少接缝

图 8-87 重新参数化纹理映射的不同效果

（1）选择 3D|"从文件新建 3D 图层"命令,替换纹理。

（2）选择 3D|"重新参数化"命令,单击"确定"按钮。

（3）选取重新参数化选项。

6. 创建绘图叠加

3D 模型上多种材质所使用的漫射纹理文件可应用于模型上不同表面的多个内容区域的编组。这个过程称为 UV 映射,它将 2D 纹理映射中的坐标与 3D 模型上的特定坐标相匹配。UV 映射使 2D 纹理可正确地绘制在 3D 模型上。

对于在 Photoshop 软件以外创建的 3D 内容,UV 映射发生在创建内容的程序中。然而,Photoshop 可以将 UV 叠加创建为参考线,帮助用户直观地了解 2D 纹理映射如何与 3D 模型表面匹配。在编辑纹理时,这些叠加可作为参考线。

（1）单击"图层"面板中的"纹理"选项以打开进行编辑。

💡 **提示**：只有当纹理映射是打开的且是当前窗口时,才可启用"创建 UV 叠加"命令。

（2）选择 3D|"创建绘图叠加"命令,然后选择叠加选项。

UV 叠加作为附加图层添加到纹理文件的"图层"面板中。可以显示、隐藏、移动或删除 UV 叠加。关闭并存储纹理文件,或者从纹理文件切换到关联的"3D 图层"时,叠加会出现在模型表面。

💡 **提示**：请在执行最终渲染之前,删除或隐藏 UV 叠加。

7. 从 3D 图层生成工作路径

可以将当前视图中的 3D 外轮廓生成工作路径。

8.8 导出和存储 3D 文件

要保留文件中的 3D 内容,可以用 Photoshop 的标准格式或其他支持的图像格式存储文件;还可以用支持 3D 的文件格式将 3D 图层导出为文件。

1. 导出 3D 图层

单击 3D 属性面板右上方的菜单按钮 ,可以在弹出的菜单栏中选择"导出 3D 图层"命令,或者在"图层"面板中右击 3D 图层,也可以在弹出的选项中选择"导出 3D 图层"选项,或者选择 3D|"导出 3D 图层"命令,同样可以弹出"导出属性"对话框,如图 8-88 所示。导出 3D 图层为所有支持的 3D 文件格式: Collada DAE、Google Earth 4 KMZ、GLTF(Opengl Transmission Format)/GLB、STL、Wavefront/OBJ、3D PDF 和 U3D。

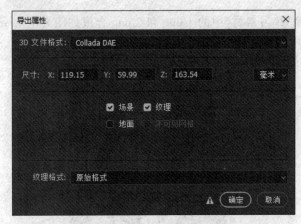

图 8-88 "导出属性"对话框

(1) Collada DAE:纹理图层用所有 3D 文件格式存储。

(2) Google Earth 4 KMZ:Google Earth 的一种地理坐标保存格式。

(3) GLTF/GLB:Web 导出的通用标准。

(4) STL:仅描述三维物体的表面几何形状,没有颜色、材质贴图或其他常见的三维模型属性。

(5) Wavefront/OBJ:不存储相机设置、光源和动画。

(6) 3D PDF:可以嵌入文字、静态图片、动画(swf)、视频、3D 模型。

(7) U3D:只保留"漫射""环境"和"不透明度"纹理映射。

选取导出纹理的格式,U3D 和 KMZ 支持 JPEG 或 PNG 作为纹理格式。DAE 和 OBJ 支持 Photoshop 用于纹理的所有图像格式。如果导出为 U3D 格式,需要选择编码选项。ECMA 1 与 Acrobat 7.0 兼容,ECMA 3 与 Acrobat 8.0 及更高版本兼容,并提供一些网格压缩。

2. 存储 3D 图层

当用户完成 3D 模型设置后,可以通过保存文件格式为 PSD、PSB、TIFF 或 PDF 来保存 3D 模型的位置、光源、渲染模式和横截面。

相关知识

    Photoshop 中所导入的格式最常见的就是.3ds 格式，它是 3ds Max 创建的文件格式，直接导入即可进行渲染。在 Photoshop 还没有 3D 功能前，用户在 3ds Max 中做完效果图的渲染之后，总是要导入 Photoshop 再做最后的完善。自从 Photoshop 有了 3D 功能，用户可以直接把 3ds Max 制作的模型赋予一些基本材质后导出为.3ds 格式，然后在 Photoshop 中进行完善，以达到更好的效果。

思考与练习

    将"素材\第 8 章\练习素材"中的 1.png 和 2.png 合成如图 8-89 所示效果（参考"答案\第 8 章\练习答案"中的源文件"练习 1.psd"）。

图 8-89　练习 1

参 考 文 献

[1] 张春芳，刘浩锋，等. Photoshop CS6 实训教程[M]. 北京：清华大学出版社，2016.

[2] 侯冬梅，张春芳，刘浩锋，等. Photoshop CS4 实训教程[M]. 北京：清华大学出版社，2011.

[3] 侯佳宜. 精通 Photoshop CS2 中文版[M]. 4 版. 北京：清华大学出版社，2007.

[4] 高志清. 梦幻天地——Photoshop 图像设计[M]. 北京：中国水利水电出版社，2004.

[5] 创锐设计. Photoshop CS6 实例教程（中文版）（全彩）（附光盘）[M]. 北京：人民邮电出版社出版社，2014.

[6] 李金明，李金荣. 中文版 Photoshop CS5 完全自学教程[M]. 北京：人民邮电出版社，2010.

[7] 李金明，李金荣. Photoshop CS6 完全自学教程[M]. 北京：人民邮电出版社，2012.

[8] 李金明，李金荣. 中文版 Photoshop CS6 完全自学教程（典藏版）[M]. 北京：人民邮电出版社，2013.

[9] 赵芳，孟龙. Photoshop CS5 平面广告设计经典 228 例[M]. 北京：科学出版社，2012.

[10] 张晓景. Photoshop CS6 完全自学一本通[M]. 北京：电子工业出版社，2012.

[11] 亿瑞设计. 画卷-Photoshop CS6 从入门到精通（实例版）[M]. 北京：清华大学出版社，2013.

[12] Scott Kelby. Photoshop CS6 数码照片专业处理技法[M]. 北京：人民邮电出版社，2013.

[13] 创锐设计. 数码摄影后期密码 Photoshop CS6 调色秘籍[M]. 北京：人民邮电出版社，2011.

[14] 何平. 技艺非凡 Photoshop＋Painter 绘画创作大揭密[M]. 北京：清华大学出版社，2012.

[15] 唯美世界，瞿颖健. Photoshop 2020 从入门到精通[M]. 北京：水利水电出版社，2020.